交互式虚拟装配体验平台
开发与研究

于利民　彭　欣　姜芳超　著

中国水利水电出版社
www.waterpub.com.cn
·北京·

内 容 提 要

本书主要论述交互虚拟装配系统与虚拟体验平台的研制与开发过程。深入研究虚拟现实和虚拟现实建模语言的概念、特点及其应用，以及基于图形渲染建模的有关理论，虚拟现实建模语言的结构、动画交互原理，实现虚拟的"能装即装，能拆即拆"交互虚拟装配设计与开发方法。深入研究虚拟体验仿真运动的六自由度运动方程、二分法精准碰撞理论，实现 Unity3D 精准碰撞。通过 C#开发的底层脚本封装设计成 Excel 表格等可编辑文本脚本开发接口，利用 Excel 表格驱动完成虚拟功能开发，实现虚拟体验平台整体功能开发，主要包括虚拟场景、平台登录界面与平台重置、新手引导、漫游体验、虚拟驾驶等功能，最后完成平台 PC 版和 VR 版发布。利用 RPC 技术实现客户端与服务端的互联通信，实现云课堂与虚拟体验平台的数据传输。

本书可为工程师、教师、学生等开发虚拟装配交互系统、虚拟体验平台提供借鉴，也可为学校、培训机构等开发网上及云平台教学系统提供借鉴。

图书在版编目（CIP）数据

交互式虚拟装配体验平台开发与研究 / 于利民，彭欣，姜芳超著. -- 北京 : 中国水利水电出版社，2020.11
ISBN 978-7-5170-9213-1

Ⅰ. ①交… Ⅱ. ①于… ②彭… ③姜… Ⅲ. ①计算机仿真－系统建模－研究 Ⅳ. ①TP391.92

中国版本图书馆CIP数据核字(2020)第239414号

策划编辑：杜 威　　责任编辑：王玉梅　　封面设计：梁 燕

书　　名	交互式虚拟装配体验平台开发与研究 JIAOHUSHI XUNI ZHUANGPEI TIYAN PINGTAI KAIFA YU YANJIU
作　　者	于利民　彭　欣　姜芳超　著
出版发行	中国水利水电出版社 （北京市海淀区玉渊潭南路 1 号 D 座　100038） 网址：www.waterpub.com.cn E-mail：mchannel@263.net（万水） 　　　　sales@waterpub.com.cn 电话：（010）68367658（营销中心）、82562819（万水）
经　　售	全国各地新华书店和相关出版物销售网点
排　　版	北京万水电子信息有限公司
印　　刷	三河市华晨印务有限公司
规　　格	170mm×240mm　16 开本　12.75 印张　186 千字
版　　次	2020 年 12 月第 1 版　2020 年 12 月第 1 次印刷
定　　价	60.00 元

凡购买我社图书，如有缺页、倒页、脱页的，本社营销中心负责调换

前　　言

随着计算机技术和虚拟现实技术的发展，产品的虚拟化开发具有提高工作效率、支持设计创新、降低成本并缩短上市时间等优势，正在逐渐得到企业的认可并获得蓬勃发展。虚拟体验也适用于教学，生动的模拟改变了传统的 CAI 教学模式，更新了教学手段，使"传统"课程的教学更加形象直观，能够帮助学生理解、记忆、建立和增强空间想象力，有利于提高学生学习的积极性和主动性，从而提高教学效果。

由虚拟体验平台设计所遵循的两个理论基础——建构主义学习理论和人本主义学习理论提出虚拟体验平台的设计原则。分析了虚拟装配的建模步骤、建模过程以及如何利用虚拟现实建模语言建立虚拟场景；深入研究了与工程中常用的特征造型技术等有关的几何造型理论、三维几何变换的数学基础、图形渲染中的明暗效应以及常用的颜色理论。以球阀为例阐述了虚拟装配系统采用静态行为与动态行为相结合的设计方法；详细分析了传感器节点、内插器节点、转换节点、Script节点的使用原理，及怎样利用它们与 VRML 的其他节点相结合创建生动、有趣的动画交互场景；研究了 VRML 的基本执行模式及其基于事件驱动实施方法以及执行模式的工作原理，通过路由将各节点的输入、输出字段相连，使事件在各节点中传输，实现了动画交互；完成了虚拟装配系统零件模块和交互性模块的程序设计，开发了虚拟装配交互系统。该系统可应用于机械设备虚拟培训的交互式装配设计，能够展示虚拟装配的方法和交互装配过程，可降低企业的培训成本、减少次品率，为学校降低教学难度，使学生更容易吸收掌握相关知识点。

本书深入研究了虚拟体验平台开发的关键技术，开放式可编辑文本技术。从Unreal Engine 的蓝图（Blueprint）系统获得支撑，将 C#开发编写好的参数.cs 脚本打包，封装成.xls、.txt 等可编辑文本格式文件作为开发接口，使用 Excel 电子表格驱动仿真运动编辑方式代替直接编写冗杂烦琐代码驱动。以游艇航行为例分析了游艇在水上运动时所受到的各类流体动力，根据公式推导出波浪中运动的六自由度方程，获得游艇虚拟体验平台的运动仿真数学模型。采用 NURBS 建模方法，利用 3DMAX 渲染功能，对游艇及实景码头分别进行建模渲染；通过 U3D 创建天空和海洋模型，通过粒子系统设计天气环境、场景特效及游艇尾浪效果；运用 C# 语言开发实现功能函数文本编译，通过驱动文本表格对应的功能函数完成漫游体验开发和驾驶操纵功能开发，实现了游艇虚拟体验平台开发。利用该平台进行虚拟教学新模式，运用云课堂、虚拟仿真软件的信息化技术手段，实现了线上+线下"虚实结合"的"双线"教学。结合游艇虚拟体验平台对用户数据获取做了初步探索，把用户体验数据用于游艇的销售，为游艇厂家创造利润。同时，使学生在虚拟现实的环境中进行运动仿真、浏览、操控等动作，能够实现网上及云平台实时浏览学习。

　　本书可为工程师、教师、学生等开发虚拟装配交互系统、虚拟体验平台提供借鉴，为学校、培训机构等开发网上及云平台教学系统提供借鉴。

作　者

2020 年 6 月

目　　录

第1章 绪论

本书开篇阐述了交互式虚拟装配体验平台开发与研究的背景及意义，分析国内外虚拟仿真体验的现状及局限性。在虚拟现实技术快速发展的时代背景下，提出了虚拟体验平台开发的目的及意义，为下文开展研究工作指引了方向。本章结尾对本书研究工作作了概括性的介绍，简述了各章节主要内容和研究成果。

1.1 研究的背景与意义

1.1.1 研究的背景及应用

随着计算机技术和虚拟现实技术的共同发展，产品的虚拟化开发具有提高工作效率、支持设计创新、降低成本并缩短上市时间等优势，正在逐渐得到企业的认可并获得蓬勃发展[1]，在虚拟现实头盔[2,3]、数据手套[4,5]等传感设备的配合使用下，可以营造出具有沉浸感、交互性和构想性的逼真体验效果[6,7]，虚拟仿真在各个行业获得广泛的应用与发展，如城市规划、航空航天、机械制造、医学工程、娱乐、教育等[8-11]。近年来我国多省市都先后为推动虚拟现实产业发展出台了专项政策，如《"十三五"国家科技创新规划》《"十三五"国家信息化规划》《"互联网+"人工智能三年行动实施方案》《智能硬件产业创新发展专项行动（2016—2018年）》等，明确提出鼓励和支持虚拟现实产业发展[12]。虚拟现实应用已经成为当下一种新的发展趋势，虚拟现实技术进入了"+时代"[13]。

目前虚拟现实技术已经应用在产品设计领域中，其主要优势包括两方面：第一，设计者和使用者在产品设计阶段即可通过虚拟仿真体验产品的性能；第二，设计者可以通过可视化仿真，对制造过程进行提前分析与评价[14-16]。同时可以让客户亲自体验将来所拥有的产品，提高客户对产品购买的欲望，进而提高产品的销售量与产业利润。体验设计是以用户或消费者为核心，企业把服务作为"舞台"，产品作为"道具"，环境作为"布景"，在体验过程中采集用户信息以及获取不同人群需求，并针对需求进行产品设计[17]。现在设计的研究对象已经从物质研究拓展到情感体验的范畴，人们对空间的直觉感受是与生俱来的一种潜在认知能力。随着计算机与虚拟技术发展，产品设计更倾向于用数字技术进行体验空间设计，环境模拟、模型仿真、双向互动、重新构造、虚拟真实的体验空间在产品设计中逐渐盛行[18]。

1. 虚拟仿真在教学中的应用

虚拟仿真教学是指将数字仿真技术、多媒体技术、网络技术、3D 技术、VR 虚拟现实技术等先进技术形式融入教学产品的研发中，并将产品通过云端、网络端、移动端应用于教学的过程[19]。2013 年 8 月 15 日，国家教育部高等教育司下文在全国构建国家级虚拟实验教学中心，分年度建设一批具有示范、引领作用的虚拟仿真实验教学中心，持续推进实验教学信息化建设。2017 年 7 月 21 日，国家教育部高等教育司发布《教育部办公厅关于 2017—2020 年开展示范性虚拟仿真实验教学项目建设的通知》。

在传统教学过程中，教学手段、方式单一，不利于培养学生的自主学习能力；很多需要现场演示、试验的教学内容无法实现；学生学习热情低下，严重影响学习效率等，传统教学存在的局限性与实验室建设规模的严重滞后，使得教学质量面临严峻挑战。自虚拟仿真应用于教学以来，有效弥补了传统教学过程中教学形式单一、学生自主动手操作能力差、学习效率低等问题，受到国家教学主管部门和广大院校的一致认可，下面将介绍主要的产品技术形式。

（1）3D 技术应用。3D 技术是虚拟仿真中最新的技术应用形式之一，它基于建模技术，描述交互式的 3D 对象和场景，不仅应用在互联网上，也可以用在本地客户系统中，给操作者营造一个逼真的场景。如图 1-1 所示，常州大学与东方仿真合作开发的甲醇 3D 虚拟仿真教学软件，以其逼真的生产场景、360 度可视化操作，真实再现工厂生产工艺流程，极大增强了学生的学习兴趣和动手操作能力，对于学生全面认识、掌握甲醇生产工艺起到积极作用。

图 1-1　3D 技术应用

（2）半实物仿真工厂。半实物仿真工厂（图 1-2）通过半实物流程装置、测控通信系统与全数字仿真技术结合，实现集教学和实训功能于一身，可全工况操作，真实感强，同时具有节能环保、维修方便、投资省、培训效果强等优点。

图 1-2　半实物仿真工厂

（3）移动端 App 应用。虚拟仿真产品关联移动端便携设备，可以辅助课堂理论教学，增强课堂教学的趣味性和生动性，使学习不受时间、空间的限制，满足学生随时随地学习的需求，如图 1-3 所示。

图 1-3　移动端 App 应用

（4）VR 虚拟现实。VR 虚拟现实技术是一种可以创建和体验虚拟世界的计算机仿真系统，它利用计算机生成一种模拟环境，是一种多源信息融合的、交互式的 3D 动态视景和实体行为的系统仿真，可以使用户沉浸到该环境中。如图 1-4 所示，东方仿真自主开发的实验室安全 VR 系统，可以再现真实事故场景，提供逼真的视听感受；拓展学习空间，激发学生参加安全教育的兴趣；降低安全培训成本，有效提升实验室教育效果。

图 1-4　实验室安全 VR 教学场景

（5）智慧沙盘。智慧沙盘区别于传统沙盘，应用很多声光电技术，并配套一些辅助的软件和硬件，从而形成一个有机的整体系统，方便用户更好地使用。如图 1-5 所示，枣庄学院与东方仿真联合开发的甲醇合成与精制智慧沙盘项目已经投入使用，沙盘相比仿真工厂所需场地较小，资金投入也不算太高，教学中与配套的软件、硬件相结合，以满足实习教学环节。

图 1-5　智慧沙盘

在信息化时代背景下，随着教育部高等教育司对高校建设虚拟仿真项目的提出，虚拟仿真教学也被提出新的、更高的要求，只有时刻关注国家教育新政策，关注教学发展新需求，不断创新、探索，不断将新技术、新理念融入到产品开发中，才能满足更多教学需求，才能培养符合社会发展的人才。

2. 虚拟仿真在游艇行业中的应用

改革开放以来社会生产力不断提升，人们的消费需求逐步提高，游艇这种集休闲、娱乐、运动、航海、商务等功能于一体的高端消费品，正在快速地进入人们的生活中。游艇在西方发达国家已经如同汽车一样普遍，驾驶游艇和海上垂钓已经成为人们日常休闲娱乐的重要方式，而在很多发展中国家由于经济发展与游艇设计制造技术等方面的限制，游艇对他们来说仍然是一种新兴的休闲娱乐工具，属于高端消费品。在我国，人们玩游艇不及西方发达国家普遍，但是随着游艇的宣传与推广，游艇休闲文化已经在国民心中扎根、发芽。游艇的本质是一种水上娱乐用高端消费品，人们对这个高档消费品有着独特的兴趣，对于游艇的需求也越来越大[20]。

近年来，随着我国对海洋的开发及相关产业的发展，在我国沿海地区已逐渐形成各种形式的游艇产业园区，与之对应建立起许多游艇俱乐部。然而游艇毕竟是一类特殊的高端消费品。这在很大程度上影响了我国游艇产业和游艇旅游业的发展，最重要的是只有经过培训考取驾驶执照才能驾驶游艇，游客往往只能乘坐游艇出海游玩，但不能驾驶游艇，体验驾驶的快感。

目前市面上的游艇虚拟仿真软件数量不多，并且存在许多缺陷，大多数软件功能缺失严重，缺少交互式操作，游艇驾驶方式不规范、不精确。本书基于现有的游艇虚拟软件，结合游艇厂家和高校需求以及实际的游艇外观、舱室布置及游艇驾驶技术，独创性地开发了一款具有游艇虚拟漫游、虚拟驾驶、紧急情况处理等交互性功能的游艇虚拟体验平台。目的是用更真实的系统环境、更低的学习成本、更多的体验功能来满足对游艇感兴趣的人们的需求，顺利地解决游艇这种高端消费不能遍及全民的问题，进一步促进游艇业、旅游业和休闲渔业三者的融合发展。

虚拟现实技术为游艇驾驶的虚拟仿真提供了技术支持，使得使用者能进行模拟驾驶体验，为所有想体验游艇驾驶的人们提供了便利条件。同时也为游艇厂家提供了一种新的游艇设计招标方式，使得游艇购买者在谈判之初就能体验到自己未来所拥有的游艇。

游艇虚拟体验平台可以用于游艇驾校对学员的驾驶培训，帮助学员熟悉游艇的基本信息；也可以用于游艇专业的设计教学，帮助学生对游艇造型、色彩、内装、材质、船体型线等进行学习及设计训练。

1.1.2 研究意义

本书旨在开发交互虚拟装配与虚拟体验平台。交互虚拟装配主要使用虚拟现实建模语言生动地模拟装配体的工作原理，装配体的装、拆过程，改变了传统的CAI教学模式，更新了教学手段，使"传统"课程的教学更加形象直观，能够帮助学生理解、记忆、建立和增强空间想象力，有利于提高学生学习的积极性和主动性，从而提高教学效果。虚拟体验平台仿真软件主要让使用者或学习者在虚拟环境中进行游艇内装及舱室的参观浏览、游艇的虚拟驾驶体验、游艇急救和事故的处理以及码头和微山湖景色的欣赏，这对游艇销售和景区宣传都有十分重要的意义。本虚拟体验平台的主要优势及应用如下：

1. 与传统教学相比具有的优势

（1）可以变抽象为具体，使教学过程更有趣味性。"工学"课程的特点是培养学生的空间想象能力和对物体的表达能力，要求学生将 3D 空间物体用 2D 平面图形表达，教学过程主要借助于教学模型、挂图。虚拟仿真教学的最大优势在于可视性强，能提供大量的动画和图像，克服了挂图的不便。教师利用虚拟仿真组合教学内容、展示教学模型、演示工程过程以及实用背景，结合多媒体边讲解边操作，令学生一目了然[21]。可方便地演示用语言难以表达的"空间思维"过程[22]，使学生尽快建立空间概念，缩短由物到图、由图到物的基本投影概念的学习过程。

（2）充分利用交互功能，加强对学生的素质教育。利用虚拟仿真的交互功能，实现学生与计算机、学生与学生、学生与教师之间的多向交互功能，共同讨论问题，培养团队精神。教师可通过交互功能向学生传输信息，了解学生的反馈信息，与学生们进行讨论[23]。根据实际情况，及时调整教学方法和节奏。对于学生来说，教师的指导尤为重要，引导学生深入调研、查阅资料，让他们在浩瀚的知识海洋中分清主次，抓住重点，少走弯路[24]。由于开放的网络资源内容时刻在更新，网上的许多内容都可能超出教师的教案涉及的范围，促使教师以"引导"学生学习为主，充分调动学生的主动性，培养学生的综合素质[25]。这样，教师每完成一轮教学工作，都要重新备课，学习新知识，并有新的收获，教师的教学水平和组织能力会大大提高。

（3）便于学生实时进行自学。学生可充分利用虚拟仿真的灵活多变性与交互性，自由地操作计算机或手机，根据自己的特点和兴趣，选择学习内容。学生能自己控制学习进度、选择学习内容、检查学习成果等[26]。对于有特长的学生，由于学生与教师共享教学资源，可以快速获得教师的指导，学习个性知识，包括一些教师不曾掌握的知识，有利于培养学生的独立学习能力，真正做到因材施教[27]。利用网络及云课堂，实现优秀虚拟仿真课件共享，这样可以节省大批人力和时间，扩大教学规模。因此，教育教学采用虚拟仿真与体验平台已是大势所趋。

2. 在游艇开发设计及其教学中的应用

（1）应用于游艇开发的前端体验设计。体验设计是在产品的设计开发过程中，用户直接参与并影响设计，而不是被动地接受设计。这种设计真正地体现了设计与用户之间的互动性，以用户体验为中心，确保满足用户的实际需求[28]。游艇开发的前端体验设计以一种具体化、直观化、可交互的体验方式，获得用户的最终需求，并根据用户需求来完善或者修改初步设计方案。游艇的个性化设计就是要满足客户喜好与需求，把最终的产品效果虚拟化地呈现给客户，既可以节约资源又可以提高设计效率，同时可通过销售人员进行销售推广，使客户能对最终产品有直观的体验，而不是通过简单的照片或游艇总布置图来了解游艇，让用户进行沉浸式的交互体验，直观地展示游艇的各项功能，激发客户对游艇的购买兴趣。

（2）应用于旅游业。游艇虚拟体验平台不仅能让人参观游艇、驾驶游艇，并且可以参观码头及其周围环境，能达到人们亲近自然、感受原生态、获取休闲放松体验的目的，可以促进旅游业的发展，形成了奇妙的"化学反应"。利用当地的旅游资源开发相关虚拟平台，构建旅游品牌，从而增加旅游经济收入。

（3）应用于游艇俱乐部。游艇俱乐部是集专业码头、游艇泊位、帆船训练基地、运动员公寓、健康休闲娱乐、中西餐厅、标准客房等配套设施于一体的场所。其最主要功能是为人们提供水上休闲娱乐项目，为游客水上游玩提供观光游艇。然而游艇价格昂贵，一小时基本上需要3000多元人民币，不可能先开游艇出去试一下，然后再选择自己喜欢的。游艇虚拟体验平台可以让游客在俱乐部先把各种型号的游艇虚拟体验一遍，选择出自己最适合、最喜爱、最想驾驶的游艇，然后再驾驶该真实游艇进行水上游玩或者垂钓。

（4）应用于游艇驾驶教学。游艇虚拟体验平台可以用于游艇驾校对学员的驾驶培训，帮助学员熟悉基本的游艇信息。虚拟游艇驾驶台可以进行游艇驾驶操控，帮助学员熟悉游艇驾驶台上各个按钮的功能。在学习驾驶游艇时，学员不可能随意操作驾驶台上的各个按钮，万一发生意外很可能会损坏游艇或者引起侧翻等危险。但游艇虚拟体验平台就不用担心引发危险，即便操作失败导致游艇侧翻或者撞毁，也可以通过重新打开软件，进行游艇虚拟平台重置，可以提前把操纵上的种种难点或者危险操纵行为进行预防和实践，并且可以模拟游艇的靠离码头、航行（加速、变向和高速定向航行）、基本急救、救生与消防设备的使用等，提前预演几遍，预习教学内容。

（5）应用于游艇虚拟仿真软件开发。游艇虚拟体验平台不是针对一艘单一的游艇开发的平台，平台可以更换任意型号的游艇，满足游艇个性化需求，实现游艇的虚拟化体验。

1.2　虚拟仿真技术研究概述

虚拟现实技术（Virtual Reality，VR）最早起源于美国。从狭义上讲，虚拟理实是指 20 世纪 40 年代伴随着计算机技术的发展而逐步形成的一类试验研究的新技术；从广义上来说，虚拟现实则是在人类认识自然界客观规律的历程中一直被有效地使用着。由于计算机技术的发展，虚拟现实技术逐步自成体系，成为继数学推理、科学实验之后人类认识自然界客观规律的第三类基本方法，而且正在发展成为人类认识、改造和创造客观世界的一项通用性、战略性技术[29]。

20 世纪 90 年代起，美国政府就在多个学科领域投入巨额资金支持虚拟现实技术的开发研究和虚拟实验系统的研发[30]。目前，随着计算机硬件、信息技术、人机交互等几项支持虚拟现实技术实现的基础技术的快速发展和日渐完善，虚拟现实技术走上了一个新的台阶。由计算机硬件、软件以及各种传感器构成的 3D 信息的人工环境——虚拟环境，可以逼真地模拟现实世界（甚至是不存在的）的事物和环境，人投入到这种环境中，立即有"亲临其境"的感觉，并可亲自操作，自然地与虚拟环境进行交互。1993 年，Heim M.提出了虚拟现实技术的三大特性：交互性、沉浸性、模拟性[31]。20 世纪 90 年代，日本的三菱重工就开发了 FSX 战斗轰炸机的飞行仿真系统[32]。EC 公司开发了一种辅助 CAD 设计的虚拟现实系统，人们通过数据手套将操作者的手和模型的处理命令联系起来[33]。英国成功研发了能提供多种感官和皮肤温度感受的原型虚拟茧[34]。

虚拟仿真技术，则是在多媒体技术、虚拟现实技术与网络通信技术等信息科技迅猛发展的基础上，将仿真技术与虚拟现实技术相结合的产物，是一种更高级的仿真技术。虚拟仿真技术以构建全系统统一、完整的虚拟环境为典型特征，并通过虚拟环境集成与控制为数众多的实体。实体可以是模拟器，也可以是其他的虚拟仿真系统，也可用一些简单的数学模型表示。实体在虚拟环境中相互作用，或与虚拟环境作用，以表现客观世界的真实特征。虚拟仿真技术具有以下四个基本特性[35]：

1. 沉浸性（Immersion）

虚拟仿真系统中，使用者可获得视觉、听觉、嗅觉、触觉、运动感觉等多种感知，从而获得身临其境的感受。理想的虚拟仿真系统应该具有能够给人所有感知信息的功能。

2. 交互性（Interaction）

虚拟仿真系统中，不仅环境能够作用于人，人也可以对环境进行控制，而且人是以近乎自然的行为（自身的语言、肢体的动作等）进行控制的，虚拟环境还能够对人的操作予以实时的反应。例如，当飞行员按动导弹发射按钮时，会看见虚拟的导弹发射出去并跟踪虚拟的目标；当导弹碰到目标时会发生爆炸，能够看到爆炸的碎片和火光。

3. 虚幻性（Imagination）

虚幻性即系统中的环境是虚幻的，是由人利用计算机等工具模拟出来的。虚幻仿真系统既可以模拟客观世界中以前存在过的或是现在真实存在的环境，也可模拟出客观世界中当前并不存在的但将来可能出现的环境，还可模拟客观世界中并不会存在的而仅仅属于人们幻想的环境。

4. 逼真性（Reality）

虚拟仿真系统的逼真性表现在两个方面：一方面，虚拟环境给人的各种感觉与所模拟的客观世界非常相像，一切感觉都是那么逼真，如同在真实世界一样；

另一方面，当人以自然的行为作用于虚拟环境时，环境做出的反应也符合客观世界的有关规律。如果给虚幻物体一个作用力，那么该物体的运动就会符合力学定律，会沿着力的方向产生相应的加速度；当它遇到障碍物时，也会被阻挡。

虚拟仿真技术的这种沉浸、交互、虚幻、逼真的特征，充分满足了现代仿真，正在广泛地应用于教育教学、虚拟驾驶、数字城市、旅游、文物古迹研究、工业仿真、室内设计、水利水电工程、地质灾害研究等各个领域。

虚拟仿真技术是一项投资大、回报时间长、技术难度高、发展非常迅速的高科技技术[36]。对比发达国家来说，虚拟仿真技术在我国起步较晚，相比而言研究成果与国外有一定的差距。目前，国内许多一线城市和重点大学都建立了虚拟仿真研究中心，正在研究克服各种虚拟仿真技术的难点，如快速建模、实时渲染、数据转换、人机交互等。随着不断的探索，虚拟仿真技术取得了一定的成果。如华中科技大学艾高远等，将虚拟仿真技术应用到水电机的模型检测中[37]；清华大学罗元等将虚拟仿真技术应用到城市智能化建设中[38]。浙江大学、上海交通大学、山东大学等其他高校或者研究所都取得了虚拟仿真技术的研究成果[39-41]。

各大虚拟仿真公司都有一定研究成果，比较典型的是：北京中视典数字科技有限公司研发的虚拟仿真系统平台 VR-Platform（VRP）[42]、深圳希技数码科技有限公司开发的 House Designer（HD）软件。VRP 与 HD 软件的具体优缺点对比见表 1-1。

表 1-1　VRP 与 HD 软件优缺点对比

开发环境/出品公司	优点	缺点
VR-Platform 北京中视典数字科技	全面的产品体系 中文语音环境 支持 Catia 等工业软件数据格式	引擎性能低，一般只做展示用 动画效果差 编辑器兼容性不佳
House Designer 深圳希技数码科技	操作简便 界面美观 运行速度快	仅适用于房地产的虚拟场景漫游与交互

根据用户使用方式、参与形式的不同，可以把各种类型的虚拟仿真技术划分

为四类：浏览式虚拟仿真系统、沉浸式虚拟仿真系统、增强现实性的虚拟仿真系统和分布式虚拟仿真系统[43]。

1. 浏览式虚拟仿真

浏览式虚拟仿真是利用个人计算机和低级工作站进行仿真，将计算机的屏幕作为用户观察虚拟境界的窗口。通过各种输入设备，如鼠标、键盘、力矩球等实现与虚拟仿真世界的充分交互，如图 1-6 所示。它要求参与者使用输入设备，通过计算机屏幕观察 360°范围内的虚拟世界，并操纵其中的物体，它仍然会受到周围现实环境的干扰，参与者不能完全地沉浸体验。浏览式虚拟仿真的最大特点是缺乏真实的现实体验，但是成本较低。

图 1-6　三通道投影浏览式虚拟仿真系统

2. 沉浸式虚拟仿真

沉浸式虚拟仿真提供了一个新的虚拟空间，可以是头戴式头盔、独立辅助空间，交互设备可以是位置跟踪器、同位器等。其特点是沉浸感大于之前的浏览式虚拟仿真系统，使使用者有一种置身于虚拟世界之中的感觉。它利用头盔式显示器（图 1-7），把使用者的视觉、听觉和其他感觉封闭起来，并提供一个新的、虚拟的感觉空间，利用位置跟踪器、HTC 手柄等给使用者带来一种身临其境和沉浸其中的感觉。

图 1-7 头盔式沉浸式虚拟仿真

3. 基于增强现实性的虚拟仿真

基于增强现实性的虚拟仿真是利用虚拟仿真技术来模拟现实世界外加实物来增强参与者对虚拟环境的感受，实现虚拟设备与真实设备之间的交互，这种仿真也叫作半实物仿真，典型的例子就是各种军事设备模拟器，如图 1-8 所示的飞机虚拟实物仿真系统，其中有飞机的真实仪表、真实操作台和座椅，还有沉浸感很强的虚拟环境。

图 1-8 飞机虚拟实物仿真系统

4. 分布式虚拟仿真

分布式虚拟仿真就是将上述虚拟系统和其他系统（可以包含真实系统，也可以包含半实物系统），组成一个严格的联网标准。如图 1-9 所示，一架在训练场地上的真实飞机和一个飞机模拟器系统联网，虚拟的飞机和真实的飞机进行对战演练。多个系统通过计算机网络连接在一起，同时参与一个虚拟空间，共同进行虚拟体验，使虚拟仿真提升到了一个更高的境界，这就是分布式虚拟仿真系统。

图 1-9　飞机分布式虚拟仿真系统

根据软件编写方式的不同，虚拟仿真软件的开发方法主要有三种[44-47]：第一种是通过计算机语言编程构建虚拟仿真软件；第二种是通过开放图形库 OpenGL 编程建模，然后添加交互功能模块构建虚拟仿真软件；第三种是用独立的 3D 建模软件进行建模，将建立好的模型导入虚拟仿真开发环境中，然后构建虚拟仿真软件。具体如图 1-10 所示。

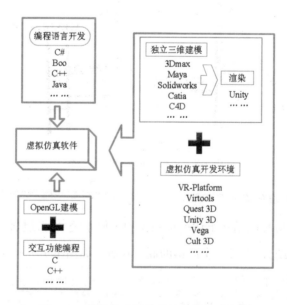

图 1-10　常见的虚拟仿真软件的构建方法

使用第一种方法与第二种方法来开发虚拟仿真软件，都需要通过大量编程来实现系统交互功能开发，要求软件开发人员具有很高的编程能力。而第三种相对前面两种开发方式较为简单，而且可以进行可视化开发，所以本书虚拟平台的开发选择第三种开发方式，通过前期建模和渲染完成 3D 模型制作，并将模型数据导入集成化的虚拟仿真软件开发环境，完成交互功能制作[48]。

1.3　交互虚拟装配与虚拟仿真平台的概述

智能制造不仅是设备的智能化、生产过程的信息化，还要增强降低成本意识。企业的生产成本包括原料、设备采购、人员工资、人员培训等可见的成本；还有一部分隐性的、难以发现的成本，就是"浪费"，比如过度生成、产品出现次品、车间布局不合理造成资源浪费。企业在进行员工培训的时候，往往新员工入门慢，会出现前期生产效率不高、质量低、原料浪费等情况。针对系统集成商，大部分设备需要发往客户所在地安装，那么安装指导需要有专门的技术人员，如果是不断重复相类似的技术指导，也属于人力的浪费。学校教学也会面对类似的问题，有些设备具有一定的操作危险性，需要在虚拟环境下完成教学；某些设备工作原理或生成过程比较复杂，需要为学生做演示，做到通俗易懂。为了大力推广该项技术，教育部高等教育司开展了国家虚拟仿真实验教学项目的认定工作。

针对企业和学校遇到的问题，提出应用于机械设备虚拟培训的交互式装配设计方法，主要为了展示虚拟装配的方法和交互装配过程。通过此项技术降低企业的培训成本，减少次品率，加强人员合理搭配；为学校降低教学难度，学生更容易掌握相关知识点。

虚拟体验平台开发包括操作、控制、运动仿真、操纵以及场景漫游等一系列功能编写，是产品设计与建造领域应用虚拟仿真技术的综合体现。根据现有的虚拟仿真软件的适用性，可以将已有的虚拟仿真软件分成两大类：

第一类是通用型，这类软件大多是第三方公司开发和维护的，可支持多种型号的产品仿真、交互或漫游等。但是每个公司制造的产品均有差异，作为一种个性化产品，通用型虚拟仿真平台的开发难度较大，开发成本也相对较高。

第二类是专用型，这类软件大多数是由产品公司委托软件开发公司或者自行开发的，一般只能支持本公司品牌的产品。专用型的虚拟仿真平台的兼容性较差，不支持二次开发。但这类软件的开发难度相对较低，对具体品牌产品虚拟仿真的功能支持比较完整。

本书开发的游艇虚拟体验平台是通用型平台。

1.4　本书研究内容

通过深入调研和进行信息检索、资料收集，进一步了解国内外研究情况，总结国内外已有的虚拟仿真开发成果，尤其是基于网络的交互虚拟装配系统、云平台的虚拟体验平台开发。确定研发适合于网络及云平台的虚拟装配与虚拟体验平台，该平台应使学生在虚拟现实的环境中进行交互装配与拆卸、运动仿真、浏览、操控等动作，能够实现网上及云平台实时浏览学习。该软件平台主要有以下特点：

1. 开发技术的简单化

基于 Web 与 Unity3D 改进的开发平台实现了使用自然语言接口调用功能模块，降低了对软件开发人员的编程能力要求，可以让那些不会计算机语言或者编程的开发人员能够快速学习上手，进行软件开发。

2. 开发效果逼真

平台支持多种建模软件所建立的 3D 模型，并且支持各种材质渲染 3D 模型，对真实物体有很高的还原度和逼真度，软件界面画质清晰，并且屏幕分辨率和画面质量可以根据电脑配置的区别进行最优调整。

3. 开发功能全面

平台包含丰富的基础虚拟仿真函数功能模块，比如旋转、平移、直线、匀速、匀加速等，通过组合能实现多种虚拟运动的模拟。并且可以插入多种粒子特效与视觉插件，提高软件功能的实现效果。

4. 开发平台可修改化

平台在发布前和发布后都可以通过修改平台原始数据中的参数信息，调整其软件的功能，实现软件功能的修改与完善。

5. 开发专业性强

山东交通学院与山东航宇集团股份有限公司的合作，根据其设计制造的"孔子号"游艇，按照游艇的真实尺寸、结构、比例，使用 3DMAX 进行 1:1 的 3D 仿真建模，并进行贴图美化和材质渲染，使虚拟游艇与真实游艇十分逼真，完美复制豪华游轮的奢侈之感。

本书各章节内容如下展开：

第 1 章：绪论。分析本书研究的背景及意义，概述虚拟仿真技术发展、特征、分类和应用，尤其在交互虚拟装配与虚拟体验平台的应用方面进行深入研究，分析本书主要工作内容。

第 2 章：虚拟装配与体验开发平台的实现。本章研究平台实现所用的开发工具、开发环境和开发流程。

第 3 章：3D 虚拟模型创建。本章深入地研究 3D 几何造型理论、3D 几何变换理论、图形渲染、颜色理论。

第 4 章：虚拟体验平台开发关键技术。本章深入研究虚拟体验平台开发过程中的运动六自由度数学模型构建、精准碰撞检测算法、客户端与服务端的互联通信、可编辑文本技术的设计与实现等关键性技术。

第 5 章：基于 VRML 的虚拟装配交互设计。本章研究 VRML 传感器节点、内插值器节点、转换节点、Script 节点的使用原理，设计虚拟装配的安装及拆卸顺序，以球阀为例开发交互装配系统，完成系统的程序设计。

第 6 章：游艇虚拟仿真体验平台开发。本章设计游艇虚拟体验平台的总体方案，搭建平台的基础场景，开发游艇漫游体验、游艇驾驶模拟操纵、游艇平台重置及游艇事故处理等项目，测试平台的稳定性，完成浏览式与沉浸式应用程序的发布。

第 7 章：平台的教学应用与用户行为数据获取分析。本章设计并开发基于

Web 的交互虚拟装配系统。运用云课堂等信息化技术手段，实现线上+线下"虚实结合"的"双线"教学，探索获取虚拟体验数据的方式及数据利用方法。

第 8 章：总结与展望。对全书所做的主要研究工作及取得成果进行总结，并对其今后需要完善的内容进行简单阐述，指明未来的研究方向。

第 2 章　虚拟装配与体验开发平台的实现

本章通过对平台开发环境的对比选择及需求分析，进一步提出了开发交互式虚拟体验平台的整体框架，详细阐述开发平台的基本思想和实现原理，为后续的交互式虚拟体验平台仿真软件开发奠定基础。

2.1　虚拟现实

虚拟现实（Virtual Reality），又称虚拟环境，是近年来出现的一种新的人机界面，是人们通过与计算机之间进行信息交流来再现设计者头脑中的世界的一种交互式方法。虚拟现实技术利用计算机生成具有逼真的 3D 视觉、听觉、触觉等真实感觉的虚拟世界，集多种媒体的表现技术于一体，使用户可以在这样一种虚拟环境中通过与计算机的交互感受真实的世界和活动过程[49-51]。它是现代科技，尤其是计算机技术迅速发展在应用领域中的新的结晶和反映，是一系列高新技术的集成，这些技术包括人工智能、心理学、计算机图形学、传感器技术、人机接口技术、网络技术以及高度并行实时计算技术等，所有这些技术需要集成起来生成一个逼真的交互式的人工现实环境。虚拟现实代表了未来的人机方向[52]。

2.1.1　虚拟现实的特征

身临其境与交互作用是其主要特点。具体说来，虚拟现实具有下述特点[53]：

（1）沉浸感（Immersion）。沉浸感是指用户感到作为主角存在于虚拟环境中的真实程度，3D 模型、空间感、3D 环绕音响，场景随视点的变化而变化等，都会加强用户的身临其境之感。用户将感觉不到身体所处的外部环境，而"融合"到虚拟世界中去[54]。

（2）交互性（Interaction）。交互性是指用户与虚拟场景中各种对象相互作用的能力，它是人机和谐的关键性因素。交互性包含用户对虚拟场景中的对象的可操作程度、从虚拟环境中得到反馈的自然程度和对虚拟环境进行重新布置的方式。用户可以通过 3D 交互设备直接操纵计算机所给出的虚拟世界中的对象，虚拟世界中的对象也能够实时地做出相应的反应[55]。

（3）想象力（Imagination）。虚拟现实不仅仅是一个用户与终端的接口，而且可使用户沉浸于多维信息空间中全方位地获取新的知识，提高感性和理性认识，从而产生新的构思[56]。这种构思结果输入到系统中去，系统会将处理后的状态实时显示或由传感装置反馈给用户。如此反复，这是一个学习－创造－再学习－再创造的过程，因而可以说，虚拟现实是启发人的创造性思维的活动[57]。

（4）多感知性（Multi-Sensory）。理想的虚拟现实技术应该具有一切人所具有的感知功能。除了计算机图形技术所生成的视觉感知之外，还有听觉感知、力觉感知、触觉感知、运动感知，甚至还包括味觉感知、嗅觉感知等[58]。由于相关技术的限制，特别是传感技术的限制，目前虚拟现实技术所具有的感知功能仅限于视觉、听觉、力觉、触觉、运动等几种，无论感知范围还是感知的精确程度都无法与人相比拟[59]。

（5）自主性（Autonomy）。虚拟场景中对象依据物理学定律运动的真实程度，物体按各自的模型和规则或用户的要求自主运动。例如，当受到力的推动时，物体会向力的方向移动或翻倒，或从桌面落到地面等[60]。

2.1.2　虚拟现实系统的组成

虚拟现实的一般体系结构如图 2-1 所示。沉浸类虚拟现实系统和非沉浸类虚拟现实系统的主要差别在于参与者身临其境的程度不同，在系统结构上也就不同。但从总体上看，系统主要由人机接口设备、人机接口处理、现实产生器以及相应的管理、模型及分布子系统等构成[61,62]。

非沉浸类虚拟现实系统采用常规的显示器，包括桌面上的显示器、大屏幕显示器或镶嵌在座舱窗口上的显示器，这些都是观察虚拟世界的窗口。为了增强身临其境的感觉，常常采用立体眼镜、立体声音等加以配合。主要使用 3D 鼠标或 3D 操纵杆进行操纵，也可以使用数据手套、数据服装等设备。可以采用运动平台等反馈运动效果[63]。

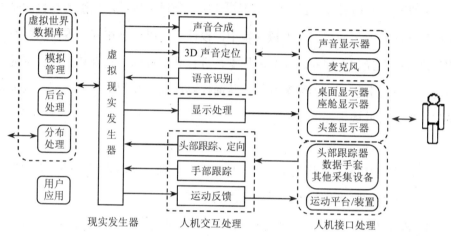

图 2-1 虚拟现实系统的一般体系结构

沉浸类虚拟现实系统为了达到沉浸的效果，必须把人的主要感官封闭起来，所以采用头盔显示器、头部跟踪装置，以及数据手套和数据服装等特殊的设备。图 2-2 是一个典型的沉浸类虚拟现实系统的组成结构示意图。

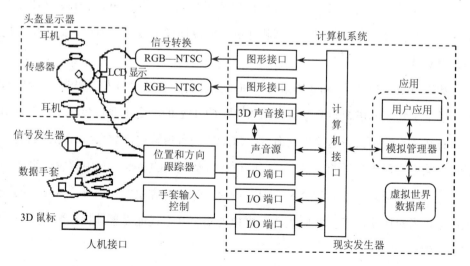

图 2-2 一个典型的虚拟现实系统构成

2.1.3 虚拟现实技术在工程中的研究与应用

目前虚拟现实的理论和技术已广泛应用于军事、医疗、航天、船舶工程、建筑、工程制造、科研教育、娱乐等领域[64]。在工程设计领域，最引人注目的是虚拟装配技术的研究与应用。在虚拟环境中，设计者可以像操作真实零件一样对虚拟零件进行装配操作，建立产品装配模型，进行装配规划，检查装配过程中的干涉情况，验证与分析产品的装配性能，从而提高产品装配的一次成功率，大大缩短开发周期，降低成本。

1. 虚拟装配的理论研究

目前，人们从虚拟装配仿真、虚拟装配序列规划、虚拟装配建模、虚拟拆卸等方面对虚拟装配技术进行了广泛而深入的研究。

德国 Fraunhofer 工业工程研究所（IAO）较早地进行了基于虚拟现实的装配规划系统的研究与开发[65]。IAO 开发了第一个虚拟装配规划原型系统，通过虚拟人体模型 Virtual ANTHROPOS 在虚拟环境中执行装配操作，交互地装配和拆卸零部件。

美国华盛顿州立大学与美国国家标准技术研究所 NIST 合作开发的虚拟装配设计环境 VADE 是一个具有代表性的虚拟装配系统[66]。Jayaram 等开发 VADE 的目的是通过生成一个用于装配规划和评价的虚拟环境来探索产品设计制造中运用虚拟现实技术的可能性。

德国 Bielefeld 大学 Jung 等致力于将虚拟现实交互技术与人工智能技术结合，开发了基于知识的虚拟装配系统 CODY[67]。CODY 的一个重要特色在于，支持用户以自然语言的形式表达简单的命令。CODY 通过理解用户命令执行相应的装配操作，从而实现更自然的人机交互，将设计者从烦琐的命令交互中解脱出来。

美国亚利桑那州立大学 Ye 等对传统交互方式与虚拟现实交互方式中的装配规划进行了对比实验[68]。实验表明，虚拟现实交互方式能显著地提高装配规划的质量与效率。

美国芝加哥 Illinois 大学 Banerjee 等[69]提出面向虚拟装配序列规划的行为场

景图,将零件的装配优先关系、事件控制等约束信息封装在场景图的零件节点信息中。

拆卸不仅是装配序列规划的有效手段,还是检验产品可维护性、可回用性的重要方法。

美国 Wisconsin-Madison 大学 Gadh 等在虚拟拆卸方面进行了卓有成效的研究[70]。Gadh 等针对产品维护、回用及装配过程中的选择性拆卸问题(即仅对装配体中的部分零件进行拆卸),采用波传播方法自动确定零件拆卸的顺序,并开发了基于虚拟现实的拆卸分析原型系统 A3D。

国内学者也在虚拟装配及相关领域(2D 交互方式中的装配仿真)进行了卓有成效的研究,并提出了许多有价值的新理论与新方法。

华中科技大学高峰、周济等[71]提出基于约束空间转换的虚拟装配建模方法,将装配过程看成是零件从自由空间到约束空间的转换。刘继红、管强、周炜等[72,73]将 Pro/Engineer 中的装配模型转入虚拟环境,然后,通过对已装配体中几何体素的识别分析以及约束规则的匹配,产生用于装配/拆卸过程的指导性约束和当前零件的自由度方向,并通过虚拟人工拆卸得到装配序列与装配路径,在此基础上进行产品的可装配性评价。杨锟等[74]提出了一种面向虚拟装配的信息集成模型表达,对装配模型进行了物理属性的扩展,从而实现虚拟装配模型中物理特征信息的明确表达,满足虚拟环境中装配设计对装配体信息的需求。

上海交通大学庄晓、阮雪榆等[75]提出在 UG 环境中以"堆积木"的形式进行产品装配建模,采用"零件偏置体"的方法提高配合约束识别的效率,并以关系图记录识别到的配合约束关系,最终形成约束驱动的产品装配模型。

2. 虚拟装配的工业应用

正如计算机图形学与计算机辅助设计技术最早在飞机与汽车制造业中获得应用和发展一样,以飞机、汽车为代表的制造业率先开始了虚拟装配技术的工业应用,他们不仅是技术进步的受益者,更是技术进步的推动者。

美国波音飞机公司采用虚拟装配技术检查波音 777 飞机装配过程中零件间的干涉情况,并确保所有零部件对不同身材的装配工人来说都是可接触的。通过虚拟现实技术在飞机设计、装配、维护等各个环节的应用，确保了组成波音飞机的 4 万个零件能恰到好处地装配在一起。

美国麦道飞机公司采用沉浸式虚拟现实系统进行新型发动机的设计与拆装性能分析，检查拆装过程中发动机是否可能与其他零件发生干涉。此外，麦道飞机公司还利用虚拟装配系统为特定的零件开发专用的装拆工具[76]。

美国 Northrop 公司将自动飞机机身装配系统（AAAP）用于辅助美国空军 F18 战斗机的改进设计。AAAP 是一个基于虚拟现实的装配模拟环境，允许设计者在虚拟环境中直接操纵零部件，并对飞机的装配过程、装配工具进行分析与验证[77]。

美国福特汽车公司较早地将虚拟现实技术应用于装配仿真。福特汽车公司在 C3P 项目中，采用虚拟现实技术进行汽车的设计与装配，以确保产品的可装配性、易装配性及人机性能。通过采用虚拟装配及其他计算机工具，福特汽车公司的产品周期由原来的 36 个月缩短为 24 个月，每年可节约开发成本 2 亿美元，实现 90% 的物理样机由虚拟样机代替[78]。

美国克莱斯勒汽车公司在道奇 Intrepid 车型的设计中采用虚拟装配技术进行产品的可装配性检验。由于无需制作物理样机就可进行产品的装配性能验证，大大缩短了产品开发周期[79]。

德国大众、宝马等汽车公司为了加快新型汽车的开发周期，相继与德国 Fraunhofer 计算机图形学研究所（IGD）合作开展了虚拟装配技术的研究[80]。宝马汽车公司与 IGD 在对基于虚拟现实的产品装配技术的研究与应用中得出结论：采用虚拟现实技术进行虚拟产品原型开发将在汽车及其他工业中起十分重要的作用。

2.2　虚拟现实建模语言

虚拟现实技术的发展使它成为计算机图形领域的一个前沿，它的实现不再局限于图形工作站，而是趋向于大众化和网络化。目前，虚拟现实在国际互联网上的应用已成为 IT 业的一个热点。在互联网发展初期，人们只能通过文件传输协议和命令语言漫游互联网。万维网（World Wide Web，WWW）的产生使 Internet 从文本形式中解脱出来，成为全新的基于图形和超文本链接性能的网络，这便是第一代 Web（网络）。互联网发展的最终目标是能够把 3D、2D、文本和多媒体集成为统一的整体，用户能在网络上的 3D 虚拟环境中漫游并与虚拟对象交互，如同现实生活中一样，从而把对 Web 的感受从以页面为中心的模式转变为更为人所习惯和喜爱的 3D、交互、动态、逼真的世界为基础的模式。这种以 3D 动态世界为基础的模式便形成了第二代 Web，面向 Web 的 3D 造型语言 VRML 就是第二代 Web 的技术核心[81]。

2.2.1 VRML 概念及其基本特性

虚拟现实建模语言（Virtual Reality Modeling Language，VRML）是一种"用来描述可在万维网上运行的、可交互的 3D 世界和对象的文件格式"，利用它可以在 Internet 网上建立交互式的 3D 多媒体的境界[82]。它定义了当今 3D 应用中的绝大多数常见概念，诸如变换层级、视点、光照、几何、动画、雾、材质属性以及纹理映射等。

VRML 的基本特性[83]：

1. 交互性

VRML 提供了丰富的接口用于接收操作输入和与浏览器通信。

2. 支持多媒体

VRML 支持包括 3D 声音以及各种音频、视频和动画等。实时 3D 着色引擎，传统的 VR 中使用的实时 3D 着色引擎在 VRML 中得到了更好的体现。这一特性把 VR 的建模与实时访问更明确地隔离开来，也是 VR 不同于 3D 建模和动画的地方。后者预先着色，因而不能提供交互性。VRML 提供了 6+1 个自由度，即 3 个方向的移动和旋转以及和其他 3D 空间的超链接（Anchor）。

3. 平台无关性

VRML 编写的文件可在任何平台上运行，它仅与 VRML 浏览器的解释程度有关。其采用统分结合模式，即 VRML 的访问方式基于 C/S 模式，基于服务器提供 VRML 文件，客户通过网络下载希望访问的文件，并通过本地平台的浏览器（Viewer）对该文件描述的 VR 世界进行访问；VRML 文件包含了 VR 世界的逻辑结构信息，浏览器根据这些信息实现了许多 VR 功能。这种由服务器提供统一的描述信息，客户机各自建立 VR 世界的访问方式被称为统分结合模式，也是 VRML 的基本概念。由于浏览器是本地平台提供的，从而实现了 VR 的平台无关性。

4. 结构化

VRML 的元素具有良好的界面和描述简单的语法。

5. 可重组性

VRML 中通过定义相关的机制（如原型机制等）使得用 VRML 生成的模型可被重复使用。

6. 基本 ASCII 码的低带宽可行性

VRML 像 HTML 一样，用 ASCII 文本格式来描述虚拟世界和链接，保证在各种平台上通用，同时也降低了数据量，从而在低带宽的网络上也可以实现。

7. 可扩充性

VRML 作为一种标准，不可能满足所有应用的需要。有的应用希望交互更强，有的希望画面质量更高，有的希望 VR 世界更复杂。这些要求往往是相互制约的，同时又受到用户平台硬件性能的制约，因而 VRML 是可扩充的，即可以根据需要定义自己的对象及其属性，并通过 Java 语言等方式使浏览器可以解释这种对象及其行为。

8. 标准化

VRML 中引入的元素都符合或支持已有标准。

2.2.2　VRML 的发展历程

概括地说，VRML 的发展大致经历了以下几个阶段：

1994 年 10 月在芝加哥召开的第二届 WWW 大会上公布了 VRML1.0 的规范草案。

1996 年 8 月在新奥尔良召开的优秀 3D 图形技术会议 Siggraph'96 上公布通过了规范的 VRML2.0 第一版。

1997 年 12 月 VRML 作为国际标准正式发布。

1998 年 1 月正式获得国际标准化组织 ISO 批准简称 VRML97。

2002 年 8 月，Web3D 协会发布了 VRML 的升级版本 X3D 的最终草案，该草案于 2002 年 10 月正式通过 ISO 认证，X3D 将成为下一代 Web3D 的国际标准。

VRML 的起源可以追朔到 1994 年[84]。VRML 的发展是人们尝试给 WWW 加上 3D 功能开始的。1994 年，Mark Pesce 和 Tony Parisi 创建了名为 Labyrinth（迷宫）的浏览器，它是 WWW 上 3D 浏览器的原形，并发出为 WWW 上的 3D 应用建立正式规范的倡议。随后，Gavin Bell 发现 SGI 公司的 Open Inventor 文件格式很适合作为这样的规范，于是在很多 Inventor 工程师的帮助下，增加了必要的 WWW 特征，最终制订出 VRML1.0 规范的草案。此规范于 1994 年 10 月在第二届 WWW 国际会议上公布。之后，VRML2.0 规范的第一版于 1996 年 8 月在优秀 3D 图形技术会议（Siggraph'96）上与人们见面。

1997 年 12 月，VRML 作为国际标准正式发布，并于 1998 年 1 月成为 ISO 批准（ISO/TEC 14772—1:1997），通常称为 VRML97，它是 VRML2.0 经编辑性修订和少量功能性调整后的结果。1998 年 12 月，在原 VRML 组织基础上成立了 Web3D 联盟，致力于 VRML NG（Next Generation，下一代 VRML）标准的制定，并致力于制定 X3D 网络 3D 标准。2002 年 8 月，Web3D 协会发布了 VRML 的升级版本 X3D 的最终草案，2002 年 10 月 22 日正式通过 ISO 认证。X3D 整合了正在发展的 XML、JAVA3D 等先进技术，包括了更强大、更高效的 3D 计算能力、渲染质量和传输速度，必将成为 Internet 上 3D 世界的标准，进一步推动 Internet 上交互式 3D 应用的迅速扩展[85]。

2.2.3　VRML 的场景图和事件体系

在 VRML 中，虚拟场景用场景图（Scene Graph）描述，场景图的基本单元称为节点，节点以"父子"关系形成层次性结构。节点之间可以通过事件相互通信，时间通过路径在场景图中传播。

1. 场景图结构

VRML 本身是一个基于对象的语言，它提供 3D 空间中描述对象的文件格式，名为节点[86]。一个节点可以与 C++或 Java 中的对象相对应。VRML2.0 的基本元素就是节点，节点是组成 3D 场景的基本元素。每个节点被类型化并包含有一系列使节点参数化的字段。反过来，每一种字段是一种类型，VRML2.0 明确定义了类型、字段和类型种类以及字段的默许值。

VRML2.0 包含有 54 个节点，VRML 场景中把这些节点分组生成场景图来组织虚拟世界的布局和功能。场景图是以"父子"关系形成的分层结构，子节点从它的父节点继承如位置方向等特性。

节点有两种类型：组节点和叶节点。组节点，就像 Transform，组织子节点形成的虚拟空间，而子节点有可能是叶节点或者其他的组节点。组节点为子节点提供坐标空间。这些组织机制使 3D 虚拟空间建立起节点等级制，这种等级制是随着场景等级下降积累而形成的。

一个概念化场景如图 2-3 所示。

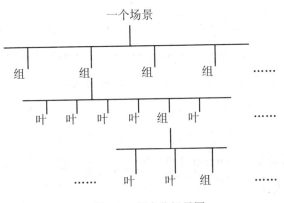

图 2-3　概念化场景图

2. 事件体系

VRML 定义了事件（event）传递机制，节点定义了它可以产生和接受的事件类型[64]。事件为节点提供了接收外界消息以及向外界发送消息的能力。节点间通过传递事件进行通信，通过事件入口（eventIn）接收事件，通过事件出口（eventOut）发出事件，事件传递通道称为路由（url），由 ROUTE 语句定义。VRML通过事件的消息传递很方便地实现了虚拟实体的交互和动态功能。这些过程可用图 2-4 描述。

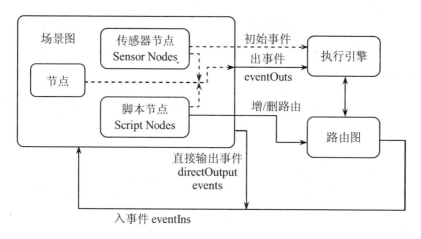

图 2-4　场景图事件体系中的事件流

2.2.4　VRML 与教育

20 世纪 90 年代以来，VRML 开始比较系统化地运用到教育这一领域。目前，其在网络教学中的应用主要有以下两种方式：

（1）建立虚拟校园。虚拟校园的教学管理机构及其人才培养场所，如校园、教室、实验室等网上教学环境，均由计算机模拟环境所替代；校方通过网络对学习者学习情况进行评定，给予相应学位或证书；学生则通过网络查询、选择自己所需学习的课程，运用网上数值、文本、图形、声音、影像俱全的超媒体教材攻读大学专业，并进行实践和科学研究。

（2）直接用于教学。虚拟现实技术能够为学生提供生动、逼真的学习环境，学生能够成为虚拟环境的一名参与者，在虚拟环境中扮演一个角色，这对调动学生的学习积极性，突破教学的重点、难点，培养学生的技能都将起到积极的作用[87,88]。

VRML 在教学中的作用有以下四个方面：

（1）知识学习。在网络教学中，学生与网络 VR 技术所展现的教学内容进行交互，从而学习相关的知识。采用网络 VR 技术展现教学内容，可以使学生在浏览器中观察到在现实生活中不能或不易观察到的现象或事物，并提供了极为自然的理想观察模式。

（2）激发创造。网络 VR 技术可将学生在学习过程中产生的假设进行虚拟，呈现相应的结果或效果。这样有利于激发学生的创造性思维，进行主动的探索性学习，培养学生的创造能力。

（3）虚拟实验。采用网络 VR 技术，可以将合适的实验在网上虚拟实验室中展现出来，并由学生在这些虚拟实验室中完成实验。这样可以完成不易观察的、有危险的或费用高的实验，提高网络教学中实验课的效率。

（4）技能培训。由于网络 VR 技术可实现在逼真的虚拟环境中以自然的方式进行交互，所以它非常适合技能培训，学习者在接近真实的环境中，更易于掌握相应的技能。虽然目前在网络上用普通输入输出设备不易实现直接的反馈，但可实现在虚拟环境中进行有关 3D 空间位置、变形、时间顺序、颜色纹理及音视频等方面的交互，从而可进行与这些内容相关的技能培训。

2.3 虚拟装配系统的设计

系统设计的理论基础主要为建构主义学习理论。建构主义的学习观对教学的启示有两点：其一，教学要以学习者为中心，要注重培养学习者主动"建构"知识的能力；其二，由于知识是由学习者主动建构的，故他们的学习也应是灵活多样的。学生学习的主动性和灵活性恰恰被多媒体技术所支持，所以，建构主义理论成为多媒体技术教育应用的指导思想；多媒体技术也成为建构主义实现其理论主张的技术手段[70]。

1. 系统设计的原则

根据建构主义和人本主义学习理论，虚拟装配系统的设计遵循以下原则：

（1）以人为主的原则。系统的设计始终坚持以学生的需求为原则。对高中毕业刚刚进入大学的一年级学生而言，他们没有在工厂实习过，在学习零件图之前，学生接触的仅仅是几何形体的组合体。对学生而言零件只是一种组合体，而对装配体容易误解成是由简单的零件拼装而成的，对每个零件在装配体中的作用、安装顺序、装配体的拆卸顺序以及工作原理更是一头雾水。零件图、装配图既是后续专业基础课读图的依据，又需要后续专业基础课的支撑。后续专业基础课尚未学习，也是不容易理解的一个原因。开发虚拟装配系统主要使用虚拟现实建模语言生动地模拟装配体的工作原理和装配体的装、拆过程，使学生在对虚拟动态模型的交互操作中理解复杂的空间模型和立体结构；感性地了解装配体的组成和装配关系，了解装配体的工作原理、运动方式，了解零件在装配体中的作用；弥补学生在认知上的不足。

（2）情境性原则。虚拟装配系统要为学生提供与其现实生活相类似的或真实的情境，有利于学生在这种环境中去探索或发现问题，解决问题，从而提高学习的质量。本系统采用人机交互的方式模拟装配体的装配过程，激发学生的学习兴趣，培养学生解决问题的能力和探索精神。

（3）实际经验到一般规律的原则。想象是人在大脑中对已有的表象进行加工改造而创新形象的过程。想象的基本材料是头脑中已经感知过的已有的表象，没有这个基本材料就不能创造出新形象。要想提高学生的空间想象力和装配知识，就必须增加头脑中借以想象的基本材料——形体储备。通过本系统反复训练感知形体以及形体之间的装配连接关系，从而实现由感性到理性、由具体到抽象的思维转变。

（4）"能装则装，能拆则拆"的原则。对刚进入大学的一年级学生而言，既没有实践经验，又没有学习相关的专业知识，对装配或拆卸顺序的合理性根本不了解。因此，本系统按"能装则装，能拆则拆"的原则设计每个零件的装配或拆卸顺序。

2. 装配体的选择

为了有效地培养学生的形象思维能力，虚拟装配体的选择应具有以下几个特点：

（1）典型性。虚拟装配体的选择应具有代表性，表现特征明显，应是工程生产中常见的装配体。

（2）相似性。同类装配体具有相似的工作原理、形状和视图表达。

（3）装配性。各类零件之间具有固定的装配关系、相同的装配尺寸，便于装配。

3. 装配设计

本系统的模拟装配采用贴合装配技术。贴合装配适用于两单体的面和面之间。这种装配保证一个贴合面和另一个贴合面一直保持接触，只允许单体在贴合面上滑动或垂直于贴合面转动。

在贴合算法中采用法向量装配法。根据两装配面的法向量方向，法向量装配法可分为特殊面装配法和任意面装配法两类。

在贴合过程中，先选择基准体和基准面，再选择装配体和装配面。如果所选两面的法向量方向相反且平行于 X、Y、Z 三主轴之一，则采用特殊面装配法；其他情况采用任意面装配法。另外，在贴合过程中，基准体的位置和方位保持不变，所有的装配操作都是针对装配体进行的。本书选择特殊面装配法，具体方法如下：

（1）选择基准体和基准面。

（2）选择装配体和装配面。

（3）基准面的法向量 $\overrightarrow{N_a} = \overrightarrow{Y}$。

（4）装配面的法向量 $\overrightarrow{N_a} = -\overrightarrow{Y}$。

（5）计算基准面的中心 X_a, Y_a, Z_a。

（6）计算装配面的中心 X_b, Y_b, Z_b。

（7）计算装配体沿三主轴的位移量：

$$S_x = X_a - X_b; \quad S_y = Y_a - Y_b; \quad S_z = Z_a - Z_b.$$

（8）按 S_x, S_y, S_z 平移装配体。

2.4   系统的开发工具选择

1. VRML

VRML 是一种 3D 图形描述语言，同时也是一种在 Internet 上使用的构造数字空间的规范[72,73]。VRML2.0 结构清晰，交互功能丰富。它提供了 3D 性质的多媒体功能（如 3D 声音、3D 动画及影像）；提供了空间点、线、面及简单实体的多种构造方法；提供了各种传感器（Sensor）以实现人机交互；还可编组节点为几何对象提供整合能力，使被指定的部分成为可控制的整体；另外多样化的材料外观和光学特效都使得虚拟世界的真实感大大强化。VRML 支持虚拟现实技术，它语法结构简单，易于使用，而且要求用户在硬件方面的投资很小，所以在本系统中应用 VRML 作为虚拟现实开发工具是一种经济、适用的方案。

2. SolidEdge

SolidEdge 是基于参数和特征实体造型的新一代机械设计 CAD 系统，它是为设计人员专门开发的、易于理解和操作的实体造型系统。

从专业技术方面来讲，任何一个特征导向的 3D 实体模型 CAD 软件的核心必然包括特征核心和几何核心两个部分。特征核心部分主要是关系到软件的使用方便性方面，几何核心部分关系到软件的功能以及扩充性方面。SolidEdge 的几何核心是功能强大的 Parasolid，SolidEdge 特征核心技术是面向对象的软件平台构架，使用方便。它的各种界面随着选择命令的不同而改变，清楚明了[74]。

3. Flash

Flash 是美国著名的多媒体软件公司 Macromedia 开发的矢量图形编辑和交互式动画制作的专业软件。该软件的功能十分强大，在网页设计和多媒体制作等领域得到了广泛的应用，已经成为制作交互式动画的标准软件，时至今日，产生了 Flash MX 版本。

Flash 是 Macromedia 公司的一个网页交互动画制作工具，采用了"流"技术，可以边下载边播放，使动画播放流畅自然。而且用 Flash 制作的动画数据量很小，有利于它在互联网上传输，方便使用者在互联网上直接调用运行。加上 Flash 的描述是基于矢量的，用它制作出来的动画可以任意缩放，不会产生任何变形。利用它产生的扩展名为.swf 的动画文件可以插入 html 里，也可以单独成页。因而 Flash 在教育、教学，特别是网络化教学中得到了广泛使用[75]。

4. FrontPage

FrontPage 2003 是一个编辑工具，实现了"所见即所得（WYSIWYG）"的工作方式。它可以编辑 Internet 上以 html 格式保存的所有文件（称为网页），并可以利用 PhotoDraw 和 Microsoft GIF Animator 编辑处理图像和动画，此外还可以在网页中插入各种插件，包括 Java、ActiveX、JavaScript，以产生各种特殊效果。FrontPage 2003 是一个管理站点的工具，可以利用不同的方式查看各个网页之间的关系，调整站点的组织结构，使整个站点的条理清晰。FrontPage 2003 还是一个 Internet 出版工具，利用它提供的网络发布工具，可以轻松完成站点的发布过程。系统的框架使用 Frontpage 2003 网页设计软件。

5. Dreamweaver

Dreamweaver MX 2004 是一款专业的 HTML 编辑器，用于对 Web 站点、Web 页和 Web 应用程序进行设计、编码和开发。Dreamweaver MX 2004 可直接编写 HTML 代码，也可在可视化编辑环境中工作。Dreamweaver 提供了很多的工具，会丰富 Web 创作。

利用 Dreamweaver 中的可视化编辑功能，可快速地创建页面而无需编写任何代码。如果设计者更喜欢用手工直接编码，Dreamweaver 还提供了许多与编码相关的工具和功能。借助 Dreamweaver，可以使用服务器语言［例如 ASP、ASP.NET、ColdFusion 标记语言（CFML）、JSP 和 PHP］生成支持动态数据库的 Web 应用程序。

2.5　虚拟装配系统的实现方法

选择易于使用，易于实现文字、图形图像、声音、影视文件集成，易于制作动画，功能较强的软件和硬件环境作为制作平台。

1. 虚拟装配系统的构思

（1）首先确定具体的装配体，并明确该装配体的工作原理、每个零件的空间结构形状、每个零件在装配体中的作用以及零件的拆卸顺序等内容。

（2）设计出虚拟装配系统的具体内容，如 Web 网页的版面内容设计、工作原理的动画设计、拆卸顺序的动态路线设计等。

（3）对应虚拟装配系统的具体内容，选择出能实现上述内容的具体软件平台。

（4）选择出合成虚拟装配系统的操作平台，能够实现操作的方便性。

2. 虚拟装配系统的实现方法

深入调研和进行信息检索、资料收集，进一步了解国内外研究情况，总结国内外已有的系统开发成果，尤其是基于 Web 的网络系统开发。在已完成的 CAI 软件和 CAL 软件的基础上，使本系统在较高的起点和较好的基础上进行。充分吸收老教师多年的教学经验和近年教学改革成果，采取分散研究、集中概括、分散落实，局部—整体的技术路线，完成该系统的研制和实现。

（1）采用 SolidEdge V15 软件创建零件的立体模型和渲染以及对应零件的 2D 图。

（2）采用 SolidEdge V15 软件创建 3D 装配以及对应的装配 2D 图。

（3）采用 Flash5.0 软件编辑复杂的 2D 动画。

（4）采用 3Dmax5.0 软件编辑复杂的 3D 动画。

（5）采用 VRML Pad 软件对所有的动画进行编辑合成。

（6）采用 Frontpage 软件设计 Web 网页。

（7）采用 Dream Weaver MX 软件对以上所有内容进行合成打包。

（8）把打包合成的虚拟装配系统挂在本校校园网上运行。

在本系统的实现过程中，根据具体内容，以上操作的先后顺序可能会被打乱；以上列举的各个软件平台之间的接口连接，通过实践已能够实现。

3. 虚拟装配系统的开发流程

虚拟装配系统的开发流程如图 2-5 所示。

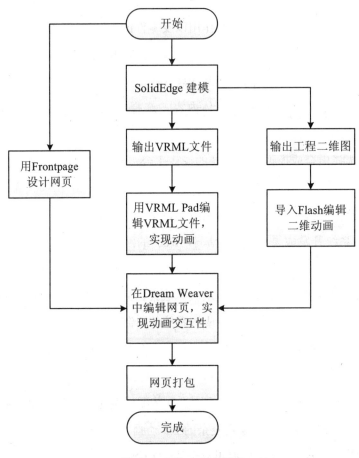

图 2-5　系统开发流程图

2.6　虚拟体验平台的开发工具

2.6.1　建模平台的选择

现在有很多的建模软件，如 SolidWorks、C4D、UG（Unigraphics NX）、Pro/E、

3DMAX 等，这些软件都能用来进行 3D 模型的创建。3DMAX 是 Autodesk 公司开发的多功能的 3D 计算机图形软件，3DMAX 具有规范化设计、操作容易、上手快、导出格式全面等优点，广泛地应用于工业设计、机械设计、建筑设计、3D 动画制作等多方面。

3DMAX 有实时的可视化材质编辑器，能够实时查看各类材质的纹理以及材质效果。3DMAX 在模型建造方面，使用者可以在直接视觉窗口下进行 3D 的材质和几何体的创建，而且能够方便地对模型进行 UV/UVW 的划分；在材质渲染处理上，能利用 Composite 快速地进行抠像、贴图、样条变形等，非常方便并且能够有效提高材质的渲染效果。

由于其强大的功能，本书选择 3DMAX 作为建模渲染软件。

2.6.2 开发平台的选择

3D 模型建造后，将所有的模型文件导入开发平台中，对这些模型赋予其各种需要的逻辑动作，添加各类响应，完成对其虚拟仿真模拟的建立。目前，用于虚拟仿真的软件开发方式主要有三种：基于 Visual C++和 OpenGL 技术开发、通过 Unity3D（简称 U3D）引擎开发、基于开发平台的二次开发，通过对比、实验，最终选定其中一种作为我们实现游艇虚拟体验平台开发的引擎。

第一种方式：基于 Visual C++和 OpenGL 技术开发。

该方法是通过 Visual C++、基础类库 MFC 和 OpenGL 开放图形库三者协同进行虚拟软件开发。Visual C++作为开发语言，用基础类库 MFC 来设计交互界面，最后再利用开发接口 OpenGL 图形程序，建造所需的模型及相应的动作变化，来实现 3D 图形的控制和显示。该方式开发应用广泛，如电子科技大学邓怀芳使用 Visual C++6.0、MFC 类库和 OpenGL 图形技术开发了一套数控车床加工仿真系统[89]。吉林大学的赵春梅使用 MFC 和 OpenGL 开发了一套轴类零件数控车削仿真系统[90]。

第二种方式：通过 U3D 引擎开发。

U3D 开发引擎能进行可视化编辑，能识别大多数建模软件构建的模型，并且自带物理引擎，能实现一般的物理模拟。首先通过建模软件创建实体模型，然后导入 U3D 开发引擎中，进行 3D 模型的显示和仿真软件的功能开发。如大连理工大学的李益使用 3DMAX 和 U3D 引擎开发的磨矿车间虚拟仿真系统[91]。

第三种方式：基于开发平台的二次开发。

软件的二次开发就是在现有软件的基础上，利用其开发接口和开发语言，对现有软件实现功能上的扩充来满足特定需求。目前有很多仿真软件是基于开放平台的二次开发，如杨润党在 Pro/E 基础上开发的虚拟数控车削过程的仿真系统[92]；如 Naveh、Nathan 在 SolidWorks 基础上开发的 RobotWorks[93]。

综上三种开发方式各自都具有优缺点，其具体对比见表 2-1。

表 2-1　三种开发引擎优缺点对比

开发平台	开发方式	优点	缺点
Visual C++ 和 OpenGL 技术开发	Visual C++ + MFC + OpenGL	1. OpenGL 可在多操作系统运行，执行效率较高； 2. MFC 减轻系统界面开发的工作量	1. 仿真度低； 2. 代码繁杂，冗余度大； 3. 编程能力要求高，使用难度大； 4. 用户体验差； 5. 跨平台竞争差
U3D 引擎开发	U3D	1. 引擎通用性强，跨平台能力强； 2. 场景模型资源丰富； 3. 渲染技术全面，图像渲染能力强大； 4. 自由脚本开发，开发非常便捷	需要学习 U3D 开发引擎的使用
开发平台的二次开发	现有的平台进行二次开发	1. 开发软件便利； 2. 减少工作量，缩短软件开发周期	1. 了解并会使用原软件； 2. 独立性差，对原软件依赖大； 3. 需要购买原有软件，成本较高

通过表 2-1 的综合对比，可以发现 U3D 是比较适合的，因此本书最终选择 U3D 开发引擎作为开发平台。

通过分析，本书最终确立选择 3DMAX 与 U3D 结合开发完成相关开发工作，通过 3DMAX 软件建立游艇及场景的 3D 模型和材质处理，使用 U3D 开发引擎进行灯光烘焙与程序开发。

2.6.3 Unity3D 开发引擎简介

Unity3D（简称 U3D）引擎是丹麦公司 Unity Technologies 公司开发的一款跨平台的虚拟现实引擎[94]。Unity3D 的底层图形库是 DirectX 和 OpenGL，使用 U3D 进行相关开发时，用户只需要把 fbx 模型、tga 贴图、材质等资源导入到 U3D，就能通过 U3D 创建出一个逼真的虚拟场景，并通过其内置的 UGUI 功能，进行 UI 界面的建立。U3D 可以在 Windows 或 MACOSX 下运行，程序编写完成后可以进行多平台发布，如 Android、Windows、Linux、IOS 和 Web 等各类平台，并且能通过 Unity Web player 插件完成网页游戏的开发，支持 Mac 和 Windows 的网页浏览，解决了游戏开发高难度、高耗时等问题，做到了快速、高质量的游戏开发[95]。U3D 支持多数模型文件格式，并且可通过加载外部程序进行协同工作，对硬件的要求不高，其内置的 PhusZ 和 NVIDIA 物理引擎给软件带来了逼真的显示效果[96]。

U3D 作为虚拟仿真的设计平台可以创建可视化的虚拟环境、实时的 3D 动画等交互式的内容，该开发引擎涵盖了图形、音频、物理特效、网络等多方面功能，具有场景可视化编辑功能，通过直观地显示正在编辑的场景，针对控件和对象进行定制化编辑，并可以实时预览所创建场景的运行效果。

U3D 从根本上来说主要分为三层：应用层、中间层和基础层，如图 2-6 所示[97]。应用层是开发人员进行仿真设计的编辑设计平台；中间层为仿真软件设计提供支持的仿真引擎，如图像引擎、物理引擎等；基础层是最低端的一层，它一般由图像处理硬件和基本的 API 函数库组成。

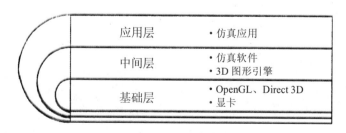

图 2-6　虚拟仿真平台层次

　　鉴于 U3D 的强大功能，本书最终将贴完图的模型导入 U3D，进行参数的设置和调整，并且载入仿真系统环境中，最终效果如图 2-7 所示。

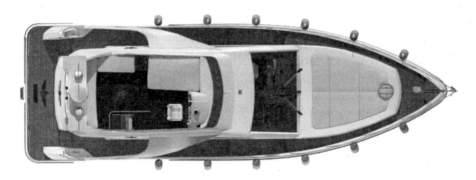

图 2-7　在 U3D 中的游艇模型

2.7　本章小结

　　本章主要阐述了虚拟现实技术的概念、特征和分类，以及虚拟现实系统的组成；阐述了平台实现所用的开发工具、开发环境和开发流程，介绍了平台设计所遵循的两个理论基础——建构主义学习理论和人本主义学习理论，并在学习理论的指导下提出平台的设计原则。本章还概括了平台模型设计的特点和装配设计所采用的装配方法，介绍了虚拟现实建模语言的概念、基本特征及其发展历程，虚拟现实建模语言的结构框架——场景图和基于事件的交互机制，并指出了虚拟现实语言在教育领域的应用方式和作用。

第 3 章　3D 虚拟模型创建

3.1　相关的计算机图形学理论研究

3.1.1　几何造型

1. 表示形体的模型

形体在计算机中常用线框、表面和实体三种形式表示模型。

（1）线框（wireframe）模型。它结构简单，是表面和实体模型的基础。线框模型是用顶点和邻边来表示形体。对多面体而言，因图形显示的内容主要是其棱边，故用线框模型是很自然的，但对非平面体，如圆柱体、球体等，由于曲面的轮廓线将随视线方向的变化而改变以及线框模型给出的不是连续的几何信息（只有顶点和棱边），故不能明确地定义给定的点与形体之间的关系（点在形体内部、外部或表面上），致使不能用线框模型处理计算机图形学和 CAD 中的多数问题。

（2）表面（surface）模型。表面模型是用有向棱边围成的部分来定义形体表面，由面的集合来定义形体。表面模型是在线框模型的基础上，增加有关面边（环边）信息以及表面特征、棱边的连接方向等内容，从而可以满足面面求交线、面消隐、明暗色彩图等问题。但在此模型中，形体究竟存在于表面的哪一侧，没有给出明确的定义，因而在物性计算、有限元分析等应用中，表面模型在形体的表示上仍然缺乏完整性。

（3）实体（solid）模型。实体模型主要是明确定义了表面的哪一侧存在实体，实体模型和表面模型的主要区别是实体模型定义了表面外环的棱边方向[77]。

2. 形体的表示方法

以上形体表示的模型是一种广义的概念，从用户角度看，形体表示以特征表示和构造的实体几何表示（CSG）较为方便；从计算机对形体的存储和运算角度看，以边界表示（Brep）最为实用。

CSG 的含义是任何复杂的形体都可用简单形体（体素）的组合来表示。通常用正则集合运算（构造正则形体的集合运算）来实现这种组合，其中可配合执行有关的几何变换。CSG 表示可看作一棵有序的二叉树（图 3-1）。

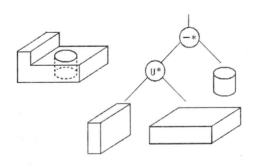

图 3-1　物体的 CSG 树表示

形体的边界表示就是用面、环、边、点来定义形体的位置和形状。边界表示详细记录了构成形体的所有几何元素的几何信息及其相互连接关系——拓扑信息，以便直接存取构成形体的各个面、面的边界以及各个顶点的定义参数，有利于以面、边、点为基础的各种几何运算和操作（图 3-2）。

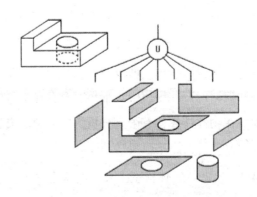

图 3-2　边界表示法

3. 特征（Feature）造型

（1）特征造型。特征造型，一方面为设计人员提供了高层的符合设计人员设计思维的人－机交互语言，摆脱了传统的基于几何拓扑的低层次交互设计方法，从而使设计人员集中精力处理较高层的设计问题，使设计更加快速、方便，而且设计质量也得以保证。另一方面，由于特征是一个高层次的设计概念，内部包含了大量设计人员的意图，这些设计意图对于设计的维护以及后续的分析、综合等过程有着重要的意义。

（2）特征造型系统实现模式。目前特征造型系统的实现主要采用特征交互定义、特征自动识别、特征自动重构、基于特征的造型四种途径。

1）特征交互定义。特征交互定义实现模式如图 3-3 所示。

图 3-3　特征交互定义实现模式

这种方式实现较为简单，但设计效率较低，特征交互定义烦琐。当零部件形状发生变化时，其特征交互定义工作必须重新进行。

2）特征自动识别。特征自动识别实现模式如图 3-4 所示。

图 3-4　特征自动识别实现模式

这种方式避免了用户烦琐的特征交互定义工作，提高了设计的自动化程度。但对于复杂零件识别过程需花费大量的工作、时间，此外对于一些复杂特征，系统不能保证可以识别出来。

3）特征自动重构。特征自动重构实现模式如图 3-5 所示。

图 3-5　特征自动重构实现模式

这种方式具有较高的效率及系统可扩充性，但是缺少更高层次的设计概念及操作支持。

4）基于特征的造型系统。基于特征的造型系统的实现模式如图3-6所示。

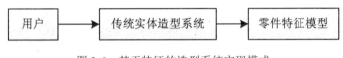

图3-6　基于特征的造型系统实现模式

这种方式大幅度地提高了用户的设计效率和设计质量；同时也避免了特征的自动识别、重构；此外，在设计过程中还可方便地进行设计特征的合法性检查、特征相关性检查以及组织更复杂的特征。这种方式也是目前特征造型系统的最高实现方式[78]。

3.1.2　3D几何变换

3D几何变换是指3D空间中的图形变换。图形变换一般是指对图形的几何信息经过几何变换后产生新的图形。图形变换既可以看作坐标系不动而图形变动，变动后的图形在坐标系中的坐标值发生变化；也可以看作图形不动而坐标系变动，变动后，该图形在新的坐标系下具有新的坐标值。图形变换包括图形的平移、比例缩放、旋转、对称、错切等变换。由于图形中最基本的单元是点，因此，对图形的几何变换也可归结为对点的变换。在计算机图形学中，广泛采用齐次坐标技术研究图形变换，即在 $n+1$ 维空间中，讨论 n 维向量的变换，再经规范化过程在 n 维空间中观察其变换结果。

正是由于图形的几何变换可以转化为表示图形点集的向量与某一变换矩阵的相乘，因而可以很快得到变换后的图形，为计算机图形的动态显示提供了可能性。

无论在2D平面内还是3D空间中，均可对已定义的几何图形连续进行多次几何变换，以得到新的所需要的图形。这时只需将相应的多个变换矩阵连乘后，形成组合变换矩阵，再作用于几何图形即可。

1. 齐次坐标

齐次坐标表示法就是由 $n+1$ 维向量表示一个 n 维向量。n 维空间中点的位置向量用非齐次坐标表示时，具有 n 个坐标分量 $(P_1,P_2,\cdots,P_n)$，且是唯一的。若用齐次坐标表示，则变成 $n+1$ 维向量 $(hP_1,hP_2,\cdots,hP_n,h)$，且不唯一。但齐次坐标表示法的优越性主要有以下两点：

（1）齐次坐标提供了用矩阵运算把空间中的一个点集从一个坐标系变换到另一个坐标系的有效方法。

（2）齐次坐标可以表示无穷远点。在 $n+1$ 维中，$h=0$ 的齐次坐标实际上表示了一个 n 维的无穷远点。在 3D 情况下，利用齐次坐标表示视点在原点时的投影变换，其几何意义会更加清晰。

2. 3D 图形的几何变换

3D 图形的几何变换矩阵可用 $\boldsymbol{T}_{3D}$ 表示，其表示式如下：

$$\boldsymbol{T}_{3D} = \begin{bmatrix} a_{11} & a_{12} & a_{13} & a_{14} \\ a_{21} & a_{22} & a_{23} & a_{24} \\ a_{31} & a_{32} & a_{33} & a_{34} \\ a_{41} & a_{42} & a_{43} & a_{44} \end{bmatrix} \tag{3-1}$$

从变换功能上 $\boldsymbol{T}_{3D}$ 可分为 4 个子矩阵，其中 $\begin{bmatrix} a_{11} & a_{12} & a_{13} \\ a_{21} & a_{22} & a_{23} \\ a_{31} & a_{32} & a_{33} \end{bmatrix}$ 产生比例、旋转、

错切等几何变换；$\begin{bmatrix} a_{14} \\ a_{24} \\ a_{34} \end{bmatrix}$ 产生平移变换；$\begin{bmatrix} a_{41} & a_{42} & a_{43} \end{bmatrix}$ 产生投影变换；$\begin{bmatrix} a_{44} \end{bmatrix}$ 产

生整体比例变换。

假设 3D 图形变换前某一点的坐标是 $(x \quad y \quad z)$，经过几何变换后的坐标为 $(x' \quad y' \quad z')$，则二者存在下面关系：

$$\begin{bmatrix} x' \\ y' \\ z' \\ 1 \end{bmatrix} = T_{3D} \begin{bmatrix} x \\ y \\ z \\ 1 \end{bmatrix} \tag{3-2}$$

（1）平移变换

$$T_{3D} = \begin{bmatrix} 1 & 0 & 0 & t_x \\ 0 & 1 & 0 & t_y \\ 0 & 0 & 1 & t_z \\ 0 & 0 & 0 & 1 \end{bmatrix} \quad (3\text{-}3)$$

其中，参数 t_x, t_y, t_z 分别是在 x, y 和 z 方向上的位移量。

（2）比例变换

$$T_{3D} = \begin{bmatrix} S_x & 0 & 0 & (1-S_x)x_f \\ 0 & S_y & 0 & (1-S_y)y_f \\ 0 & 0 & S_z & (1-S_z)z_f \\ 0 & 0 & 0 & 1 \end{bmatrix} \quad (3\text{-}4)$$

其中，(x_f, y_f, z_f) 是比例变换的参考点；S_x, S_y, S_z 分别是沿 x, y 和 z 方向上的缩放量。

（3）旋转变换。在右手坐标系下相对坐标系原点绕坐标轴旋转 θ 角的变换矩阵是：

1）绕 x 轴旋转

$$T_{3D} = \begin{bmatrix} 1 & 0 & 0 & 0 \\ 0 & \cos\theta & -\sin\theta & 0 \\ 0 & \sin\theta & \cos\theta & 0 \\ 0 & 0 & 0 & 1 \end{bmatrix} \quad (3\text{-}5)$$

2）绕 y 轴旋转

$$T_{3D} = \begin{bmatrix} \cos\theta & 0 & \sin\theta & 0 \\ 0 & 1 & 0 & 0 \\ -\sin\theta & 0 & \cos\theta & 0 \\ 0 & 0 & 0 & 1 \end{bmatrix} \quad (3\text{-}6)$$

3）绕 z 轴旋转

$$T_{3D} = \begin{bmatrix} \cos\theta & -\sin\theta & 0 & 0 \\ \sin\theta & \cos\theta & 0 & 0 \\ 0 & 0 & 1 & 0 \\ 0 & 0 & 0 & 1 \end{bmatrix} \quad (3\text{-}7)$$

3.1.3 明暗效应

明暗效应指的是对光照射到物体表面所产生的反射或透射现象的模拟。当光照射到物体表面时，可能被吸收、反射或透射。被物体吸收的那部分光转化为热。而那些被反射、透射的光传到我们的视觉系统，使我们能看见物体。为了模拟这一物理现象，我们使用一些数学公式来近似计算物体表面按什么样的规律、什么样的比例来反射或透射光。这种公式称为光照模型。在某个算法中使用这种模型计算物体表面的明暗度的过程称为明暗效应处理。经过明暗效应处理，几何造型更具真实感。

1. 光照模型

当光照射到一个物体表面上时，会出现三种情形。首先，光可以通过物体表面向空间反射，产生反射光。其次，对于透明体，光可以穿透该物体并从另一端射出，产生透射光。最后，部分光将被物体表面吸收而转换成热。在上述三部分光中，仅透射光和反射光能够进入人眼产生视觉效果。

物体表面的反射光和透射光决定了物体呈现的颜色。具体地说，反射光和透射光的强弱决定了物体表面的明暗程度，而这些光中所含不同波长光的比例则决定了物体表面的颜色。而反射光和透射光的强弱及光谱组成又取决于入射光和物体表面对入射光中不同波长光的吸收程度。

从物体表面反射或折射出来的光的强度取决于许多因素，其中包括光源的位置与光强，物体表面的位置和朝向，物体表面的性质（如反射率、折射率、光滑度）以及视点的位置。

假设物体不透明，那么物体表面呈现的颜色仅由其反射光决定。通常，反射光可分成三个部分：

（1）环境反射光。环境反射光在任何方向上的分布都相同。环境反射光用于模拟从环境中周围物体散射到物体表面再反射出来的光。环境反射光可用下式表示：

$$I = K_\alpha I_\alpha \qquad (3\text{-}8)$$

其中，K_α 是环境反射常数，与物体表面性质有关；I_α 是入射的环境光光强，与环境的明暗有关。

（2）漫反射光。漫反射光的空间分布也是均匀的，但是反射光强与入射光的入射角的余弦成正比。通常可以用下式来计算漫反射光的光强：

$$I = K_d I_l \cos\theta \tag{3-9}$$

其中，K_d 是漫反射常数，与物体的表面性质有关；I_l 是光源的光强；θ 是入射角，即入射光与表面法线向量的夹角，如图 3-7 所示。

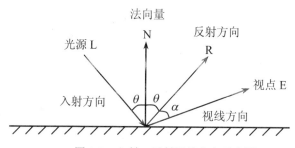

图 3-7　入射、反射视线方向示意图

（3）镜面反射光。镜面反射光为朝一定方向的反射光，它遵守光的反射定律。反射光和入射光对称地位于表面法向的两侧，如图 3-7 所示。对于纯镜面，入射至表面面元上的光严格地遵从光的反射定律单向反射出去；对于一般光滑表面，由于表面实际上是由许多朝向不同的微小平面组成，其镜面反射光分布于表面镜面反射方向的周围。实用时，常采用余弦函数的幂次来模拟一般光滑表面的镜面反射光的空间分布。

$$I = K_s I_l \cos^n \alpha \tag{3-10}$$

式中，K_s 是物体表面镜面反射系数。α 是视线与反射方向的夹角。$\cos^n \alpha$ 近似地描述了镜面反射光的空间分布。大的 n 值可用于表示镜面或磨光金属表面等光滑表面，小的 n 值可用于表示木头、纸张等较粗糙的表面[79-81]。

2. Phong 模型

最常用的光照模型是 Phong 模型，认为表面反射光是环境反射、漫反射、镜面反射的组合[82]。

$$I = K_a I_a + K_d I_l \cos\theta + K_s I_l \cos^n \alpha \qquad (3\text{-}11)$$

3. 透明效果

通常，一个透明的物体表面上会同时产生反射光和折射光。一般说来，光通过不同的介质表面时，会发生折射，即改变传播方向。为了模拟折射，需要较大的计算量。一个简单的表示透明物体的方法是忽略折射，即假定光通过形体表面时不改变方向。在实际操作中，该方法假定各物体间折射率不变，这样折射角总是与入射角相同。该方法加速了光强度的计算，并对于较薄的多边形表面可生成合理的透明效果。

假设视线交于一个透明物体表面后再交于另一物体表面，在两个交点处的明暗度分别是 I_1 和 I_2。那么，可以把综合光强表示为两个明暗度的加权和，即

$$I = KI_1 + (1 - K)I_2 \qquad (3\text{-}12)$$

式中，K 是第一个物体表面的透明度（$0 \leqslant K \leqslant 1$）。在极端的情形如 $K = 0$ 时，第一个物体表面完全透明，故对后面物体的明暗度毫无影响。而当 $K = 1$ 时，则表示物体是不透明的，故后面的物体被遮挡，对当前像素的明暗度不产生影响[83]。

3.1.4　颜色理论

颜色对于生成真实感的图形来说必不可少。物体的颜色不仅取决于物体本身，还与光源、周围环境的颜色以及观察者的视觉系统有关系。

从视觉的角度来说，颜色包含三个要素：色彩（hue）、饱和度（saturation）、亮度（lightness）。所谓色彩，就是我们通常所说的红、绿、蓝、紫等，是使一种颜色区别于另一种颜色的要素；饱和度就是颜色的纯度，在某种颜色中添加白色相当于减少该颜色的饱和度。例如，鲜红色的饱和度高，而粉红色的饱和度低。亮度即光的强度。

颜色模型指的是某个 3D 颜色空间中的一个可见光子集。它包含某个颜色域的所有颜色。颜色模型的用途是在某个颜色域内方便地指定颜色。常见的颜色模型有 RGB 颜色模型、CMY 颜色模型和 HSV 颜色模型。

1. RGB 颜色模型

基于三刺激理论，我们的眼睛通过三种可见光对视网膜的锥状细胞的刺激来感受颜色。这些光在波长为 630μm（红色）、530μm（绿色）和 450μm（蓝色）时的刺激达到高峰。通过光源中的强度比较，我们感受到光的颜色。这种视觉理论是使用三种颜色基色——红、绿和蓝在视频监视器上显示彩色的基础。这被称为 RGB 颜色模型。

可以用图 3-8 所示的由 R、G 和 B 坐标轴定义的单位立方体来描述 RGB 模型。RGB 颜色框架是一个加色模型。多种基色的强度加在一起生成另一种颜色。立方体边界中的每一个颜色点表示一个三元组(R,G,B)，其中 R、G 和 B 在 0 到 1 的范围内赋值。因此，一种颜色 C_λ 在 RGB 中表示为：

$$C_\lambda = rR + gG + bB \tag{3-13}$$

RGB 颜色模型的一个重大缺陷在于无法创建出纯净的黑色。所谓黑色只是一种近似于黑色的深棕色。

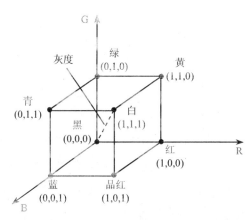

图 3-8　在立方体内用相加处理定义颜色的 RGB 颜色模型

2. CMY 颜色模型

以红、绿、蓝的补色——青（Cyan）、品红（Magenta）和黄（Yellow）为原色构成的 CMY 颜色系统，常用于从白光中滤去某种颜色，故称为减性原色系统。图 3-9 表示 CMY 模型的单位立方体。

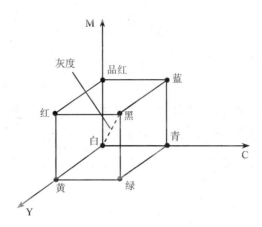

图 3-9　使用立方体内减色处理定义颜色的 CMY 颜色模型

CMY 颜色模型对应的直角坐标系的子空间与 RGB 模型所对应的子空间几乎完全相同。差别仅在于前者的原点为白，而后者的原点为黑。前者是通过指定从白色中减去什么颜色来定义一种颜色，而后者是通过从黑色中加入颜色来定义一种颜色。

从 RGB 到 CMY 的转换可使用一个变换矩阵来表示。

$$\begin{bmatrix} C \\ M \\ Y \end{bmatrix} = \begin{bmatrix} 1 \\ 1 \\ 1 \end{bmatrix} - \begin{bmatrix} R \\ G \\ B \end{bmatrix} \tag{3-14}$$

这里，白色在 RGB 系统中表示成单位列向量。同样，把 CMY 颜色模型转换成 RGB 颜色模型也可使用一个变换矩阵。

$$\begin{bmatrix} R \\ G \\ B \end{bmatrix} = \begin{bmatrix} 1 \\ 1 \\ 1 \end{bmatrix} - \begin{bmatrix} C \\ M \\ Y \end{bmatrix} \tag{3-15}$$

这里，黑色在 CMY 系统中表示成单位列向量。

在实际的印刷工业中应用最为广泛的 CMYK 颜色模型就是在 CMY 模型的 3 种原色中加入了第 4 种原色——黑色（black）。

3. HSV 颜色模型

要给出一种颜色描述，用户需选择一种光谱色并加入一定量的白色和黑色来获得不同的明暗、色泽和色调。该模型的颜色参数是色彩（Hue）、色饱和度（Saturation）和亮度值（Value）。

RGB 和 CMY 颜色模型是面向硬件的，而 HSV 模型是面向用户的。

HSV 模型的 3D 表示从 RGB 立方体演变而来。从 RGB 立方体的白色顶点沿对角线从白色顶点向原点（黑色）方向投影，可以看到如图 3-10 所示的立方体六边形外形。六边形的边界表示不同的色彩，用于 HSV 六棱锥（图 3-11）的顶部。

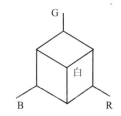

（a）沿从白色到黑色的对角线　　　（b）颜色立方体的外轮廓是一个六边形

图 3-10　RGB 颜色立方体的视图

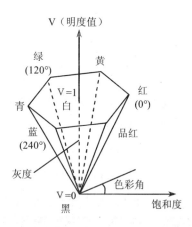

图 3-11　HSV 六棱锥

色彩用与水平轴之间的角度来表示，范围从 0°到 360°。六边形的顶点以 60°为间隔。黄色位于 60°，绿色在 120°，而青色在 180°，与红色相对。相补的颜色互成 180°。色饱和度 S 取值从 0 到 1，沿水平轴测量，表示所选色彩的纯度与该色彩的最大纯度（S=1）的比率。明度值 V 沿通过六棱锥中心的垂直轴测量，对应于 RGB 空间的主对角线，取值从 0 到 1。

顶点处 V=0，H 和 S 无定义，代表黑色；六边形中心处 S=0，V=1，H 无定义，代表白色。从该点到原点代表亮度渐暗的白色，即具有不同灰度的白色。对于这些点，S=0，H 的值无定义。任何 V=1，S=1 的颜色是"纯"色。添加白色改变色泽，相当于减小 S。添加黑色改变明暗，相当于减小 V 值。同时改变 S、V 值即可获得不同的色调。如图 3-12 所示，为具有某个固定色彩的颜色的三角形表示。

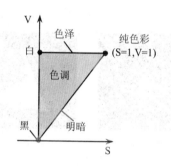

图 3-12　HSV 六棱锥的剖切面所表示的明暗、色泽和色调区域

3.2　虚拟模型的建立

3.2.1　建模方法

建模是创建虚拟现实的重要组成部分。建立虚拟现实基本模型的方法有两种：一种是用 VRML 代码编程，另一种则是将其他文件转化为 VRML 文件格式[84]。

1. 用 VRML 语言编程

对于基本的简单几何体的建模，可由 VRML 文件中的长方体（Box）、圆柱体（Cylinder）、圆锥体（Cone）、球体（Sphere）4 个最基本的几何体节点直接创建。有些造型可以通过简单造型组合来创建[85]。

对于复杂并且不能仅仅由简单的几何体构成的造型，VRML 提供了 3 种高级造型方法：

（1）点线面造型。点、线、面是空间造型的最基本的元素，空间中的任意一个 3D 造型都可以通过它们创建出来。在 VRML 空间中创建点线面造型的基础就是给出一序列有序空间点的参数，然后由这一序列的有序参数创建出虚拟空间中的点线面（图 3-13）。

在 VRML 中，通过 PointSet 节点可以在虚拟空间中创建出一系列的离散点；用 IndexedLineSet 节点来创建空间折线几何造型；使用 IndexedFaceSet 节点创建空间面几何造型（图 3-13）。

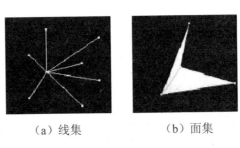

（a）线集　　　　　　（b）面集

图 3-13　点线面造型

（2）海拔栅格造型。在 VRML 中提供了一种用来创建高低不平的空间曲面的节点 Elevation，主要在虚拟空间中创建诸如起伏地面和山脉等的造型。

海拔栅格造型方法的原理就是给定空间中的一个 Z-X 平面栅格，并且用一个列表给出这个平面栅格上每一个栅格点在 Y 轴方向上的高度。通过精确地调整每一个栅格点，也可以创建出一些规则和有趣的空间表面造型，如图 3-14 所示。

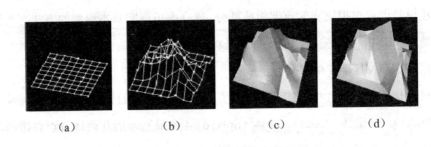

（a）　　　　（b）　　　　（c）　　　　（d）

图 3-14　海拔栅格造型

（3）挤压造型。诸如喇叭一类的造型，VRML 专门提供一种造型方法——挤压造型，通过节点 Extrusion 来创建此类造型。VRML 中的挤压造型可以视为放样造型的一种，就是放样图形沿着放样路径朝着放样方向"挤压"，并且在一些特殊给定的位置上发生缩放，最后形成的一个空间轮廓，如图 3-15 所示。

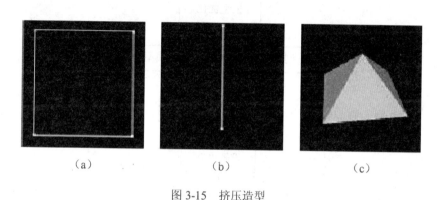

（a）　　　　　　　（b）　　　　　　　（c）

图 3-15　挤压造型

2. 将其他文件转换为 VRML 格式

另一种可行且简便的方法是利用其他图形软件建立模型，然后以 VRML 格式输出。

利用图形软件建模大大地简化复杂形体的建模计算，既方便又快捷，是当前 VRML 建模的主要方法。

3. 本书采用的方法

使用 VRML 提供的造型节点进行代码编程比较适合用来建立较简单的虚拟现实模型，而对于较复杂的立体则可通过图形软件建模，然后以 VRML 格式输出[88]。

本书将两种建模方法结合使用，对于所使用的模型因其造型较复杂，故采用 SolidEdge 软件作为建模工具，但为了优化程序，添加交互动态效果，故需对从 SolidEdge 导出的 VRML 文件编码进行修改以满足本书需要。

3.2.2　建立模型的步骤

建立模型的步骤如图 3-16 所示。

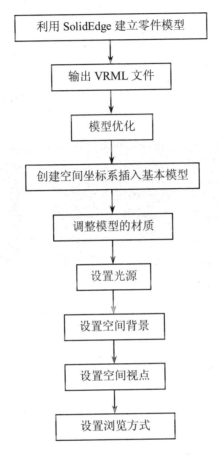

图 3-16　建立模型的步骤

3.2.3　建立零件模型

1.SolidEdge 建模

3D 零件都是由轮廓形成的，设计 3D 零件的第一步工作，就是先勾画出零件的基本轮廓，做出零件的外形，再进行进一步的加工。轮廓的绘制，是零件模型设计最重要的起点。传统的设计都是在 3D 实体模型建立以前，以 2D 图形来设计零件（即 2D 绘图），然后在对零件形状、轮廓及其他设计标准等作研究的情况下，进行结构设计和运算。轮廓可以用来绘制 3D 零件，它单独存在，并可随时加以编辑。

（1）建模的步骤。

1）造型的第一步是使用绘图工具绘制出轮廓图（常用的绘图工具有选取工具、画直线、画圆弧线、画矩形等）。绘图工具包括：几何形状绘制工具、几何形状处理工具、轮廓尺寸标注工具和几何关系限定工具。

2）造型的第二步是使用特征工具，对轮廓图进行特征造型。

特征是构建实体模型的基础。在 SolidEdge 中，可以把特征分为三大类：

第一，轮廓特征：需要绘制轮廓才能产生的特征，如填料特征、旋转填料特征等。

第二，处理特征：直接对现有模型做处理的特征，如倒角特征。

第三，阵列特征：有矩形阵列特征、圆形阵列特征、镜射特征等。

（2）零部件 3D 模型的建立。

1）Part0（阀体）模型的建立。Part0 是对称的壳体类零件。①选择 X-Y 参考平面，画出连接板的轮廓及 4 个螺纹孔的大小，通过拉伸体命令，设置连接板厚度生成连接板；②选择连接板上底面作草图，画出圆柱的外圆轮廓，通过拉伸体命令生成中间圆柱；③选择 Y-Z 参考平面，画出球的四分之一圆轮廓，通过旋转拉伸体命令生成圆球；④选择外螺纹端面作草图，画出圆柱的外圆轮廓，通过拉伸体命令生成中间小圆柱；⑤选择外螺纹端面作草图，画出外螺纹的外圆轮廓，通过拉伸体命令生成外螺纹所在的圆柱体；⑥选择 Y-Z 参考平面，画出凸出圆柱的外圆轮廓，通过拉伸体命令生成圆柱体；⑦选择某端面作草图，通过除料命令生成各种孔；⑧通过倒角、圆角特征得到阀体上的各个倒角、圆角；⑨通过攻丝命令，生成各种螺纹。

2）Part1（密封圈）模型的建立。Part1 是回转体类零件。选择 X-Y 参考平面，画出密封圈的横断面草图，通过旋转拉伸体命令生成密封圈。

3）Part2（阀芯）模型的建立。Part2 也是回转体类零件。①选择 X-Y 参考平面，画出阀芯球的草图，通过旋转拉伸体命令生成圆球；②选择 Y-Z 参考平面，画出阀芯孔的草图，通过除料命令生成阀芯孔；③选择 X-Y 参考平面，画出阀芯槽的草图，通过除料命令生成阀芯槽。

其余零件的建模和上述各零件方法大同小异，这里不再陈述。

所有零件以*.par 格式保存，以备以后调用修改。

2. 输出 VRML 文件

打开*.par 文件，单击 file，另存为图象/VRML，以*.wrl 文件格式保存，即将零件文件转化为 VRML 文件（图 3-17）。

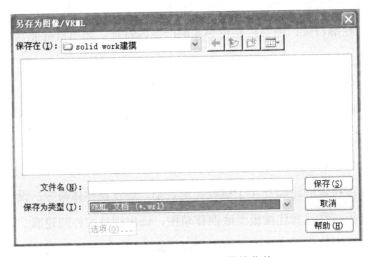

图 3-17　转化 VRML 文件的菜单

打开 VRML 文件，可以看出 SolidEdge 是以边界表示法构造形体的，使 VRML 文件层次结构清晰明了，便于对程序进行修改。

```
#VRML V2.0 utf8
······ ······
  Group {
    children [
      Shape {
        appearance DEF S0 Appearance {
          material    Material {
            ambientIntensity   0.488889
            diffuseColor      0.2 0.4 0.866667
            emissiveColor      0 0 0
            specularColor      1 1 1
            shininess         0.857143
```

```
              transparency      0
                }
              }
          geometry    IndexedFaceSet {
            solid      FALSE
            normal    Normal {
              vector   [ …… ……]
              }
            coord    Coordinate {
              point    […… ……]
              }
            coordIndex   […… ……]
            }
          }
      Shape {
        appearance USE S0
        geometry    IndexedFaceSet {
          solid    FALSE
          normal    Normal {
            vector   […… ……]
            }
          coord    Coordinate {
            point    […… ……]
            }
          coordindex   […… ……]
          }
        }
      Shape {…… ……}
…… ……
    ]}
```

3. 模型优化

本系统需要反复调用多个零件模型，必然会造成大工作量，VRML 文件数据量膨胀，且重复劳动，易于出错。为了节约内存空间，满足模型的重复应用，解决的办法有：

（1）多使用 DEF/USE 命名方式，减少文件的代码长度[79]。将 DEF 和 USE 相互配合，来重新使用定义过的节点，以减少工作量。

（2）使用内联 Inline 节点。一个较大的 VRML 场景可分为几个部分，分别用一个相应的 VRML 文件创建，然后用 Inline 节点将这些 VRML 文件集合到一个 VRML 文件中，就可以实现所要求创建的虚拟世界。这样既可以减小文件长度，又易于维护。使用 Inline 结点还可使包括在另一文件中的 VRML 模型重复使用。

然而 Inline 结点的功能受到严格的限制——不能改变内联的 VRML 文件中结点的字段。

（3）定义原型。VRML 2.0 提供了一种原型机制，可以对场景图进行封装和重用[80]。几何、特性、动画和行为都可以分开或一起封装。原型机制允许从现有节点类型的混合形式定义新的节点类型，扩充 VRML2.0。原型与 DEF 命名有着相同的效果，但它更灵活、好用。运用 proto 功能，用户可以定义自己的节点原型，这个节点可以具有完整的场景结构，在编程中可以设置不同的参数，像标准节点一样使用。用它来编写代码，用在不同的地方或不同的场景资源中，可以显著地减少相同代码的重复编写。

```
PROTO    Part0 [
exposedField SFColor diffColor    0.2 0.4 0.8
exposedField SFColor specColor    0 0 0
exposedField SFColor emisColor    0 0 0
exposedField SFFloat ambiIntensity    0.4
exposedField SFFloat shine    0.8
exposedField SFFloat trans        0
            ]
    {
  Shape {
    appearance DEF S0 Appearance {
    material    Material {
      ambientIntensity IS ambiIntensity
      diffuseColor      IS    diffColor
      emissiveColor      IS    emisColor
```

```
       specularColor   IS   specColor
       shininess      IS   shine
       transparency   IS   trans
           }
       }
……  ……}
……  ……

}
```

以上即为零件的原型，将其颜色、材质等设为共有域，从而可以被外部系统修改以实现相应的动画效果[81]。

外部文件可以共享 PROTO 原型，通过使用 EXTERNPROTO 声明来调用给出的那些 PROTO 定义。

```
EXTERNPROTO Part0[
       exposedField SFColor diffColor
           exposedField SFColor specColor
           exposedField SFColor emisColor
           exposedField SFFloat ambiIntensity
           exposedField SFFloat shine
           exposedField SFFloat trans
]
"proto\Part0.wrl"
```

4. 创建空间坐标系插入基本模型

建立了模型，还要考虑如何将其摆放在场景中适当的位置上。模型对象位置的变化主要由平移、旋转、比例缩放等几何变换引起。

VRML 使用 2D 显示设备代表 3D 空间，并使用右手笛卡尔坐标系统。VRML 的 Geometry 结点对象参照这个坐标系统，使用 3D 坐标系统描述点的位置。这些点由直线选择构成一个网，它描述了几何图形的表面，即模型。

模型的平移、旋转、缩放功能通过 Transform 节点实现。Transform 节点中的 Translation 域创建新的坐标系。当坐标系被定位后，该坐标系中的造型也被定位。

本系统为了简化程序，方便装配，以 VRML 坐标系的原点为基准进行定位。如图 3-18 所示，VRML 与 SolidEdge 的空间坐标系不同，因此，如果以 VRML 坐标系为基准定位，就需选择合适的视点，才能与 SolidEdge 的空间坐标系相一致。

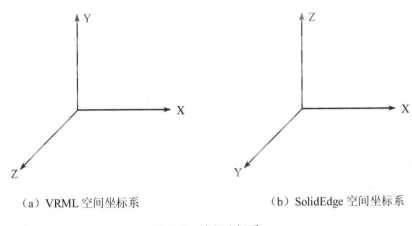

（a）VRML 空间坐标系　　　　　　　（b）SolidEdge 空间坐标系

图 3-18　空间坐标系

5. 调整模型的材质

与光线对应，材质具有独立的环境反射、漫反射和镜面反射颜色成分，分别决定了材质对环境光、漫反射光和镜面反射光的反射能力。环境反射和漫反射决定了物体的颜色，这两种成分很相像，甚至可以当作一种。镜面反射色通常为白色或灰色，因此镜面反射的高光通常由光源的镜面光成分的颜色和强度所决定。比如一束白光照射在一个有光泽的红色金属球上，则球体的大部分将表现为红色，而高光处则为白色。

在 VRML 中，颜色的表达是通过 RGB 颜色模型实现的，采用 3 个 0.0 到 1.0 之间的有序实数来说明某一种特定的颜色。但是在 VRML 内部的计算中是将 RGB 颜色模型转化为 HSV 颜色模型。

展示模型的材质设置对于模型的仿真效果影响很大，设置合适的材质可以使虚拟模型更逼真。调整材质是通过设置模型造型的 Material 节点实现的，在 Material 节点中包含有指定造型材料颜色的 diffuseColor 域、指定造型有镜面反射区域颜色的 specularColor 域、指定环境光对造型影响程度的 ambientIntensity 域、指定造型材料亮度的 shininess 域、指定空间造型透明度的 transparency 域等，通过调整这些域值即可实现多种材料的视觉效果。节点的设置如下：

```
Material {
    ambientIntensity   0.2              #将环境光影响设置为较低
    diffuseColor       0.8 0.8 0.8      #指定材料颜色为绿色
    emissiveColor      0 0 0            #指定镜面反射区域颜色接近白光
    shininess          0.2              #将材料亮度设置为较低即无光泽
    specularColor      0 0 0            #指定镜面反射区域颜色接近白光
    transparency       0                #指定空间造型完全不透明
}
```

本系统充分利用材质节点的特性，为不同模型设置不同的材质，通过颜色、透明度的变换来调动学生的兴趣。

3.2.4 场景设置

1. 光源

VRML 中的光源与现实世界中的光源有着相同的目的：照亮一个场景并且突出关注点。光源的特性决定入射光的方向、强度及颜色；物体几何顶点性质及其表面材料决定反射光的方向、强度及颜色。VRML 只在几何顶点上执行光照运算，简化了在所绘图的每个像素上执行的复杂光照运算。

在缺省情况下，VRML 提供一个头灯，该光源跟视点一齐运动，始终照亮视点的正前方。VRML 还支持其他三种类型的光源：点光源、平行光源和聚光光源。点光源是呈放射状向四周发出光线的光源，由其辐射出的光线似乎来自一个点。在 VRML 中，通过指定其在空间中的 3D 位置、亮度和颜色来生成一个点光源。平行光源是无限远光源，发出的光线平行指向同一方向，在定义平行光源时除了要规定哪些点光源具有哪些性质外，还要指定光源的照射方向。聚光光源放置在 VRML 世界中的某一点，照向一特定的方向，所发出的光线集中在一个锥体内，只有在该光锥体中的造型才能被照亮。

VRML 中由 PointLight、DirectionalLight、SpointLight 节点确定光源类型、亮

度、颜色、对环境光的影响强度，从而虚拟实现自然界中实际环境的光照效果。

本系统设置了上、下、左、右四个方向的平行光源，设置如下：

```
DEF RightLight DirectionalLight {
    direction -0.6 0.5 -0.5
    intensity  0.35                    }
DEF LeftLight DirectionalLight {
    direction  0.6 0.5 -0.5
    intensity  0.35                    }
DEF BackLight DirectionalLight {
    direction  0 -0.7 -0.7
    intensity  0.35           }
DEF BottomLight DirectionalLight {
    direction  0 0 1
    intensity  0.35           }
```

2. 空间背景

设置合适的空间背景可以对模型进行烘托，使之更加醒目。空间背景的设置使用 Background 节点实现。VRML 中 Background 节点可以设置十分复杂的背景环境，VRML 空间背景和空间本身都是无限大的。空间背景可以理解为包围在 VRML 空间周围的一个球状壳体，称为空间背景球体。

空间背景还可通过背景图像来实现，只要将所需要的外部文件用 Background 节点指定到空间背景中就可以创建出更为复杂的空间背景。背景图像是通过一个虚拟的无限大的空间几何造型来实现的，即一个内接于空间背景球体的空间正方体，称为背景正方体。通过 Background 节点可以分别为这个正方体的各个面指定所需要的背景贴图。

```
Background {
    eventIn        SFBool      set_bind
    exposedField   MFFloat     groundAngle    [ ]  # [0, π/2]
    exposedField   MFColor     groundColor    [ ]  # [0, 1]
    exposedField   MFString    backUrl        [ ]
    exposedField   MFString    bottomUrl      [ ]
```

exposedField	MFString	frontUrl	[]
exposedField	MFString	leftUrl	[]
exposedField	MFString	rightUrl	[]
exposedField	MFString	topUrl	[]
exposedField	MFFloat	skyAngle	[] #[0，π]
exposedField	MFColor	skyColor	0 0 0 #[0，1]
eventOut	SFBool	isBound	

}

为了配合网页的设计，空间背景应与网页的背景相协调，故采用背景图像。

3. 空间视点

VRML 中的视点可以认为是浏览者在虚拟空间中的一个特定空间位置向着特定空间朝向观察虚拟世界中的景物。一个好的初始观察角度能够让浏览者对模型有一个直观、总体的印象，这也是设计展示模型的一个重要问题。通过 VRML 提供的 Viewpoint 节点，指定这个空间视点的空间位置、空间朝向以及视野范围等特征参数，就可以在虚拟世界中预先设置这样的空间视点。

在 2D 空间中，轴测图位置最能表现模型的立体感和空间感，故初始视点节点的设置如下（图 3-19）：

图 3-19　初始视点的设置

```
DEF VP1 Viewpoint {
    position    0.6 -0.6 0.6            #指定空间视点的空间位置
    orientation    0.75 0.30 0.60 1.20  #指定空间视点的空间朝向
    fieldOfView    0.2                  #指定空间视点的视宽角的大小
    jump FALSE                          #非跳跃性视点的切换方式
    description       " View 1"         #指定空间视点的名称"View 1"
}
```

4. 浏览方式

当浏览者通过 VRML 浏览器浏览虚拟模型时，其实就是模拟一个真实的人在这个虚拟世界中进行移动、观察、交互等动作，这个虚拟的人在 VRML 中被看成浏览者的"替身"[98]。

如何让浏览者方便自由地控制和浏览模型是极其关键的问题，在 VRML 中可由选择合适的浏览方式来实现。VRML 中的浏览方式即浏览者在空间移动的方式，包括 WALK、FLY、EXAMINE 以及 NONE 共 4 种。其中 WALK 方式为步行，浏览者替身具有重力并以地形随动方式浏览虚拟世界；FLY 方式为飞行，与 WALK 相似，但忽略重力和地形随动；EXAMINE 为察看方式，用于观察单独的物体，根据本系统特点，虚拟模型察看方式均设置为 EXAMINE。在 VRML 中通过 NavigationInfo 节点设置浏览方式，NavigationInfo 节点可以指定浏览者替身的相关物理特性及浏览运动方式等参数。浏览方式节点的设置如下：

```
NavigationInfo {
    type ["EXAMINE"]        #指定浏览者替身在虚拟世界中的浏览方式
    headlight TRUE          #指定头顶灯为打开
    speed 2                 #指定在浏览时的速度
    avatarSize[.2 .2 .05]   #指定替身的宽度、身高和步高参数
}
```

3.3　本章小结

本章讨论了形体在计算机内的表示模型和方法，探讨了形体的线框模型、表

面模型以及实体模型，深入研究了与工程中常用的特征造型技术等有关的几何造型理论、3D 几何变换的数学基础、图形渲染中的明暗效应以及常用的颜色理论，并且分析了本书虚拟装配的建模步骤、建模过程以及如何利用虚拟现实建模语言建立虚拟场景。最后按照以上建模方法，完成球阀装配体中各个零件的 3D 虚拟模型。

第4章 虚拟体验平台开发关键技术

本章详细地阐述开发平台的基本思想和实现原理。通过对开放式可编辑文本技术的设计与实现分析、运动数学模型的构建分析、精准碰撞检测算法分析、实现客户端与服务端互联通信的设计与实现分析，为后续的虚拟体验平台开发奠定基础。

4.1 开放式可编辑文本技术的设计与实现

在 U3D 引擎开发平台中，场景的相关交互、物体运动、漫游等响应，基本上都需要靠 C#、JS 等代码脚本来驱动，优点是开发者可以自由地编辑，所见即所得。但这种代码编写难度较高、入门较难，只有专业的代码编写者才能进行代码编写。游艇虚拟体验平台开发涉及各个方面，在开发过程中可能会出现问题需要进行修改，将来对平台功能还需要进行持续更新，进而完善和拓展其各方面的功能。

本章从 Unreal Engine 的蓝图（Blueprint）系统获得灵感，提出了使用电子表格驱动仿真运动编辑方式代替直接编写底层代码驱动方式，使平台的功能开发更为简单与快捷[99]。主要思路是将编写好的参数.cs 脚本（如直线运动、物体旋转运动等）打包，封装成以.xls、.txt 等可编辑文本格式作为开发接口，开发人员通过编辑 Excel 中的参数进行软件开发，通过自定义 Excel 表格中的参数设置与更改，影响不同脚本的调用和脚本参数的更改，自定义组合实现不同的功能。这样既降低了开发难度，使开发人员不用直面底层的复杂烦琐的代码，又能实现自己想要的功能的开发。

4.1.1 Blueprint 的基本思想

Blueprint 开发框架是以触发（Trigger）改变状态（State），以状态（State）的变化调用响应事件（Response）的发生，这里所指的状态可以是 bool 类型，即 true 与 false 状态变化，还可以是 int 类型，该类型状态下，改变状态就会产生各不相同的响应。触发改变响应的过程如图 4-1 所示。

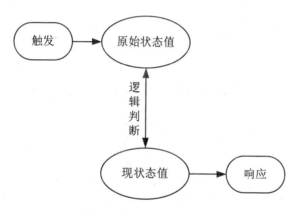

图 4-1　状态变化基本过程

如图 4-1 所示，首先触发对象产生一个触发，对应至某一个具体的状态变量；触发信号索引到该状态的逻辑表达式（通过 true 与 false 判断），如果判断通过，则在该状态进行相应的变量计算；判断不通过，则信号中断。根据所对应的状态值发生改变，改变后的状态调用执行响应函数，对象的响应运动产生，状态表中的触发－响应执行完成。

开发者通过编写与组装每一行 Blueprint 语句，进行状态的判断，完成复杂虚拟动作的响应。

Blueprint 语句框架就是将游艇平台相关功能转换为状态变量：将所有要实现的程序功能都看成特定对象的状态，一个状态变量由一个状态机模型控制，当物体触发时，触发信号通过状态逻辑表达式计算状态值是否发生变化，根据状态的变化来判断是否进行响应动作。

4.1.2　通过 Blueprint 框架实现可编辑文本技术

底层程序员使用 C#开发核心框架逻辑函数后进行封装,开放部分外露参数接口,打包至 U3D 下的 Blueprint 文件夹,通过 Excel 表格进行参数编写与脚本调用,把虚拟功能的实现分为"触发""状态""逻辑语句""公式""响应"等过程,从而实现设计的虚拟运动功能。开发者根据 Blueprint 逻辑框架,以 Excel 表格作为编写环境,在 Excel 填写各类参数,通过"逻辑语句"来直接调用相关触发对象、状态变量、响应对象和公式表中的相关数据,按照一定规范在 Excel 中逐行填写各种参数语句,若参数填写正确,符合规范,就能顺利执行 Blueprint 语句,实现模拟预设的功能动作。具体开发流程如图 4-2 所示。

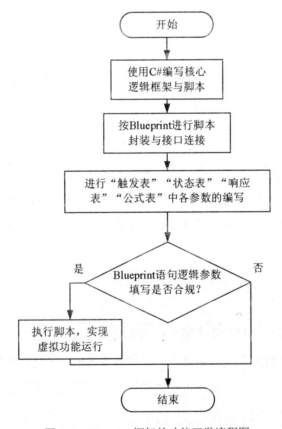

图 4-2　Blueprint 框架的功能开发流程图

以 Blueprint 框架构建的 Excel 总表具体可分为：触发表、响应表、状态表以及公式表四个子表格。下面分别介绍各子表格的逻辑结构与功能。

1. 触发表

触发表功能就是定义触发类型的名字，设置触发类型，修改触发参数，可以理解为触发模块的库，触发表的填写方式如图 4-3 所示：A 列用于描述开发功能，用于对开发功能进行分类与解释，该列为解释说明，类似于用 C#编写底层脚本时的绿色注释，并不执行；B 列用于触发 ID 填写，就是对该列触发定义个名称；C 列用于触发类型填写，此列填写底层代码开发者定义的触发动作的类型，即用来连接底层代码的设计接口；D 列用于触发参数填写，此列直接修改底层代码函数的输入参数。

	A	B	C	D
1	描述	触发ID	触发类型	触发参数
2	//场景切换			
3		驾驶模式按钮	按钮	Canvas.登录后.驾驶模式
4		漫游模式按钮	按钮	Canvas.登录后.漫游模式
5		全景模式按钮	按钮	Canvas.登录后.全景模式
6	//开关门			
7		检测门位置1	浮点数比较	*门位置,-0.78,0.0001,<=
8		检测门位置2	浮点数比较	*门位置,-0.41,0.0001,>=
9		检测门1位置1	浮点数比较	*门1位置,0.78,0.0001,>=
10		检测门1位置2	浮点数比较	*门1位置,0.41,0.0001,<=
11		门外把手	HTC射线点选	null,[CameraRig].Controller_right,扳机键,qian
12		门内把手	HTC射线点选	null,[CameraRig].Controller_right,扳机键,hou

图 4-3 触发表的填写方式

编写触发表时，首先在表中填写各种触发 ID 与触发参数，同时可以进行描述的功能分类或对 Excel 中的行进行填充颜色，使触发函数与功能分类更加细致，为寻找或修改后续的触发内容提供帮助。

2. 响应表

响应表是进行响应动作编写的表格，是响应动作模块的库。响应表的填写方式如图 4-4 所示：A 列同样用于响应的描述与注释；B 列为响应 ID 填写列；C 列为响应类型填写列，与触发表 C 列一样连接底层代码的输入接口；D 列为响应参数的填写列；E 列用于进行划分该响应函数是按每秒来执行还是按每帧来执行，填 true 代表每秒执行，填 false 代表每帧执行。

	A	B	C	D	E
1	描述	响应 ID	响应类型	响应参数	IsEveryFr
2	//漫游				
3	//场景切换				
4		漫游相机	场景漫游	Fakeman, 1, 2, 100	
5		设置全景相机	设置激活	全景相机	false
6		驾驶图标显示隐藏	UGUI	Canvas, 驾驶模式	false
7		漫游图标显示隐藏	UGUI	Canvas, 漫游模式	false
8		全景取消漫游相机	设置激活	Fakeman	false
9		激活场景相机	设置激活	Fakeman	false
10		全景控制	相机控制	游艇. 游艇1.youlun. 全景相机, CameraTrans222, 30, 8, 2	true
11	//开关门				
12		获取门位置	获取位置	Circle081, self, y, *门位置	true
13		获取门1位置	获取位置	Circle435, self, y, *门1位置	true
14		门打开	直线运动	Circle081, (0, -0.3, 0), self, true	true

图 4-4   响应的填写方式

对行列进行染色，同样也能直观地把响应对象和功能进行分类。

3. 状态表

状态表的定义与触发表和响应表都不同，首先状态表需要定义状态变量、初始状态值，其次需要用 Blueprint 语句连接触发语句与响应语句，触发表中的触发通过状态表执行逻辑语句，执行成功调用响应表中的响应，执行失败退出程序。状态表的填写方式如图 4-5 所示：A 列同样用于描述注释，不执行；B 列为游艇虚拟体验平台需要开发的功能以及自定义要实现的功能；C 列用于填写"#触发""#响应"两种规定触发和响应的固定调用格式，并且用来填写调用响应的状态数据名称；D 列用于填写对应的触发表的触发 ID、响应表中的响应 ID 或是状态数据类型（bool 型还是 int 型）；E 列用于填写触发与响应对应输入参数类型和状态逻辑变量的初始值；F 列用于填写响应输入的初始值和逻辑表达式；G、H 列则是用来判断响应是否触发和响应的触发结果。这样将"触发""响应""状态数据""状态初始值""逻辑表达式""状态表达式""响应函数类型"进行串联与组合，形成了完整的逻辑语句。

4. 公式表

公式表是用来存放"触发表""响应表""状态表"中定义的名称及变量，同样定义了逻辑运算公式。公式表的填写方式如图 4-6 所示：A 列同样用来描述与注释，不执行；B 列用来定义变量或者公式的 ID；C 列用来定义变量、公式的数值形式（float 型还是 int 型），还可以指 A 列定义变量挂载的是场景中具体的物体对象；D 列用来定义变量或者公式的初始值，或者是定义虚拟场景中的具体物体对象名称。

描述_0	对象ID_1	状态ID_2	状态数据类型_3	状态初始值_4	逻辑表达式_5	状态表达式_6	响应函数类型_7
//漫游							
	场景切换						
		#响应	漫游相机	bool	false		
		#触发	驾驶模式按钮		场景切换.驾驶		
		#触发	漫游模式按钮		场景切换.漫游		
		#触发	全景模式按钮		场景切换.全景		
		#响应	激活场景相机	bool	true		
		#响应	设置全景相机	bool	false		
		#响应	驾驶图标显示隐藏	bool	false		
		#响应	漫游图标显示隐藏	bool	true		
		#响应	全景控制	bool	false		
		漫游	bool	false	激活触发=="场景切换.漫游模式按钮"	取反（this)	场景切换.激活场景相机>true,景.激活场景相机>true...
		全景	bool	false	激活触发=="场景切换.全景模式按钮"	取反（this)	场景切换.设置全景相机>true,场景切换.漫游相机>false,进入驾驶...
		驾驶	bool	false	激活触发=="场景切换.驾驶模式按钮"	取反（this)	场景切换.漫游相机>false,场景切换.设置全景相机...

	开关门						
		#响应	滑动门声音	bool	false		
		#触发	门外把手		开关门.点门前把手,开关门.点门前把手1		
		#触发	门内把手		开关门.点门后把手,开关门.点门后把手1		
		#触发	检测位置1		开关门.门位置		
		#触发	检测位置2		开关门.门1位置		
		#响应	获取门位置	bool	true		
		#响应	门打开	bool	false		
		#响应	门关上	bool	false		
		点门前把手	bool	false	激活触发=="开关门.门外把手"	取反（this)	开关门.门打开>true,开关门.滑动门声音>true,开关门.门1...
		点门前把手1	bool	false			开关门.滑动门声音>true,开关门.门1...
		点门后把手	bool	false	激活触发=="开关门.门内把手"	取反（this)	开关门.门关上>true,开关门...

图 4-5 状态表的填写方式

	描述说明	变量或公式ID	类型Type	初始值Value
1	描述说明	变量或公式ID	类型Type	初始值Value
2		Variable		
3				
4		Expression		
5				
6				
7		BlueVar		
8		门位置	float	0
9		门1位置	float	0
10		人体碰撞器	GameObject	人体碰撞器
11		地底	GameObject	地面界限
12		小人位置高度	float	0
13				

图 4-6 公式表的填写方式

公式表中定义数据状态和逻辑变量值，其定义的数据用来进行各类逻辑判断或进行数据、名称的赋予。公式表可以定义函数类型有：初始位置、初始角度、角度差值、材质类型、声音大小、物体名称等。

综上所述，场景功能的触发与响应都遵循如图 4-7 所示的基本流程。

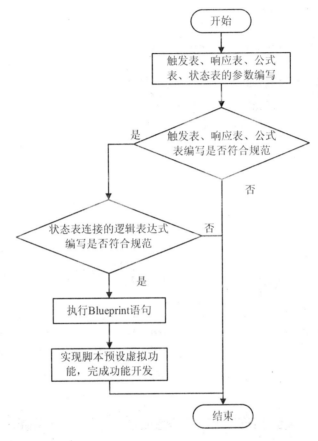

图 4-7　场景各表格组合开发虚拟功能流程图

4.1.3　可编辑文本技术的优势

可编辑文本技术基于 U3D 的 API 功能支持，通过对底层 C#、JS 等编程脚本代码的封装，设计 Blueprint 编程工具，开发出.xls、.tet 等可编辑文本格式接口，避免了设计人员进行开发逻辑动作时，使用底层编程语言来编写开发，降低了开发难度，增强了游艇虚拟体验平台的通用性及可维护性。图 4-8 所示为 Blueprint 在 U3D 文件夹中的具体封装方式与位置。

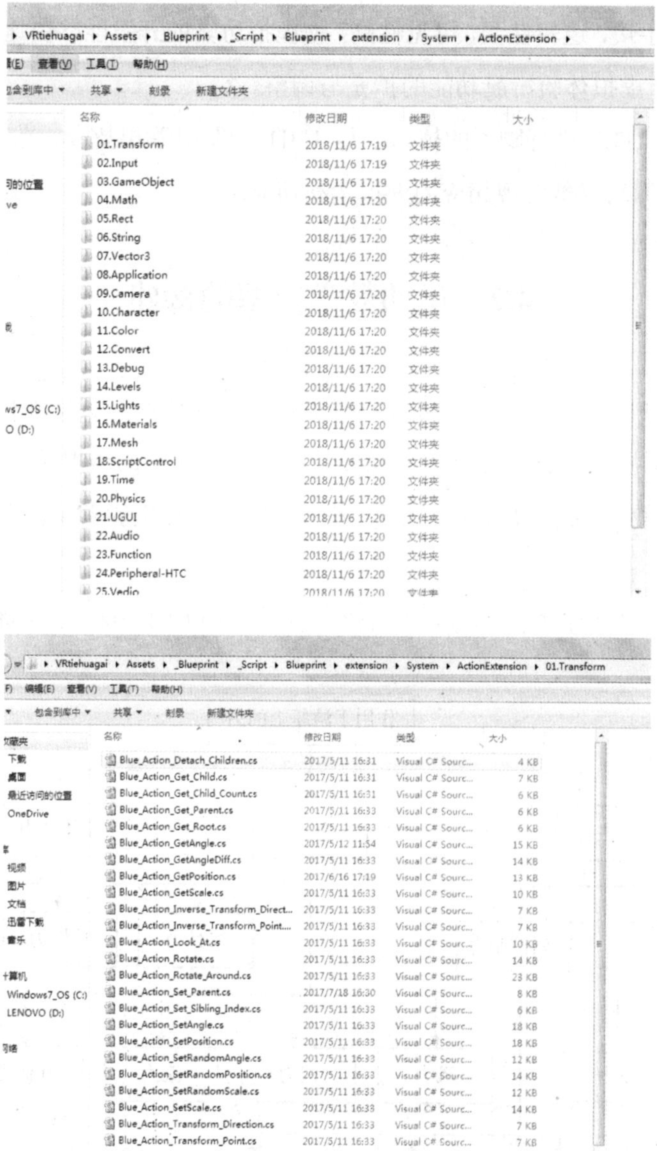

图 4-8　Blueprint 的封装方式与位置

可编辑文本技术有以下具体优势：

（1）降低开发门槛，普及开发面，使不会或者不精通 C#源码的人们也能进行虚拟仿真开发，有效降低了 U3D 引擎的学习成本，并且进行微调时，不用更改底层源码，只需要进行参数的调整。

（2）上手快，逻辑性强，可见性高，使虚拟仿真的开发能够快速高效地完成，并且可以进行虚拟体验游艇功能的扩充与调整。

（3）在 U3D 进行脚本的植入，与 U3D 开发引擎相契合。在 U3D 中进行 Excel 表格的编辑就能实现相应的虚拟运动功能。

4.2   运动数学模型的构建

虚拟体验平台中的游艇运动需要利用虚拟现实技术，实现虚拟航行环境，并且利用虚拟游艇驾驶台进行控制船舶运动。在 U3D 中的虚拟游艇航行过程中，游艇运动数学模型决定游艇运动的状态，其精度将直接影响着游艇驾驶操纵仿真程度。

游艇在现实运动的过程中会持续地受到外界各种力的干扰，具体如图 4-9 所示。

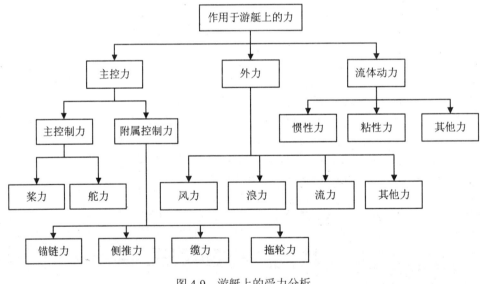

图 4-9   游艇上的受力分析

由于外界环境干扰的复杂性，游艇在海上航行时，会不断受到风、浪、流等环境干扰力作用，为了更准确地模拟游艇的各种运动，确定其六个自由度方向上的独立坐标以及运动是进行虚拟仿真的前提，可以将游艇六个自由度运动定义为见表 4-1。

表 4-1　六自由度状态的描述

自由度		位置值	线性速度	力
1	沿 X 轴的直线运动（进退）	x	u	X
2	沿 Y 轴的直线运动（横移）	y	v	Y
3	沿 Z 轴的直线运动（垂荡）	z	w	Z
4	以 X 轴为中心的转动（横摇）	φ	p	K
5	以 Y 轴为中心的转动（纵摇）	θ	q	M
6	以 Z 轴为中心的转动（艏摇）	ψ	r	N

在六自由度运动坐标系中：

纵向速度 u、横向速度 v、垂向速度 w 分别为游艇在三个坐标轴上的速度。

横倾角速度 p、纵倾角速度 q、艏摇角速度 r 分别为游艇绕三个坐标轴的角速度。

纵向力 X、横向力 Y、垂向力 Z 分别为作用在游艇三个坐标轴的外力。

横倾力矩 K、纵倾力矩 M、艏摇力矩 N 分别为作用力对于三个坐标轴的力矩。

以上速度与力的方向和坐标轴正向指向相同时为正，角速度和力矩的正负判定都遵循右手定则。

4.2.1　坐标系的建立

首先确立坐标系，本书采用船舶操纵运动分析的两种常用坐标系：惯性坐标系和附体坐标系，如图 4-10 所示。

O_1-$X_1Y_1Z_1$ 坐标系为固定于地球表面的惯性坐标系，作为基准参考系统，规定 O_1X_1 轴指向正北，O_1Y_1 轴指向正东，O_1Z_1 轴指向地心。O-XYZ 坐标系为随船附体坐标系，坐标原点位于船舶上任意一点，规定 OX 轴指向船首，OY 轴指向右舷，OZ 轴指向龙骨。

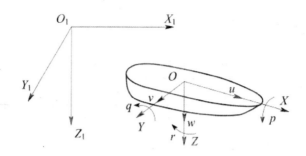

图 4-10 惯性坐标系与附体坐标系

4.2.2 六自由运动方程

在固定于随船附体坐标系 *O-XYZ* 中，坐标原点 *O* 取在游艇重心上，根据刚体动力学的动量，游艇运动可以用以下方程式来描述：

$$m(\dot{u} - vr + wq) = X$$
$$m(\dot{v} - wp + ur) = Y \qquad (4\text{-}1)$$
$$m(\dot{w} - up + vp) = Z$$

根据刚体的动量矩定理，当坐标系原点取在重心上时，游艇运动可以用以下方程式来描述：

$$I_x\,\dot{p} + (I_z - I_y)qr = K$$
$$I_y\,\dot{q} + (I_x - I_z)rp = M \qquad (4\text{-}2)$$
$$I_z\,\dot{r} + (I_y - I_x)pq = N$$

上式中 I_x、I_y、I_z 分别代表船体对 *OX*、*OY*、*OZ* 轴的转动惯量。

结合式（4-1）、式（4-2）可得，船舶在空间六个自由度运动方程为：

$$m(\dot{u} - vr + wq) = X$$
$$m(\dot{v} - wp + ur) = Y$$
$$m(\dot{w} - up + vp) = Z \qquad (4\text{-}3)$$
$$I_x\,\dot{p} + (I_z - I_y)qr = K$$
$$I_y\,\dot{q} + (I_x - I_z)rp = M$$
$$I_z\,\dot{r} + (I_y - I_x)pq = N$$

一般认为 OX、OY、OZ 轴是船舶的惯性主轴；X、Y、Z 和 K、M、N 分别为作用在船体上的外力和外力矩。

4.2.3 游艇水上六自由度运动仿真建模

游艇在水上航行时，受到许多外力因素的影响，比如舵、船体、螺旋桨等船体本身主控力的影响，同时由于这些力推动周围的水产生一定的运动，水对船舶产生一个反作用力，即船舶航行所受周围环境的影响，受到附属控制力、流体动力、风、浪、流等外力影响。本书的游艇运动将考虑由于游艇运动所产生的流体动力、螺旋桨产生的推力、舵力以及环境外力[100-104]。上述力如式（4-4）所示：

$$X = X_H + X_P + X_E + X_{RD}$$
$$Y = Y_H + Y_E + Y_{RD}$$
$$Z = Z_H + Z_E + Z_{RD} \tag{4-4}$$
$$K = K_H + K_E + K_{RD} + K_{HS}$$
$$M = M_H + M_E + M_{HS}$$
$$N = N_H + N_E + N_{RD}$$

式中，下标 E 代表环境力（Environment），H 代表游艇（Hull）上本身的力，RD 代表舵（Rudder）的力，P 代表螺旋桨（Propeller）上的力，HS 代表非流体动力。

游艇在水上航行时，由于在波浪及水动力作用运动中复杂性太大，基于以下假设来进行简化模型：

（1）游艇在无限宽阔水面上航行。

（2）船、桨、舵之间的相互干扰按静水操纵性处理。

（3）船、桨、舵分别考虑其与波浪的流体作用力。

（4）忽略环境外力对船、桨、舵流体作用力的影响。

（5）游艇摇荡运动是简谐低频运动。

依据公式（4-4），流体动力表示的船体运动参数的函数表达形式如4-5所示：

$$F = f(V, \dot{V}, \omega, \dot{\omega}) \tag{4-5}$$

在六个方向分解开如式（4-6）所示：

$$X_H = f_x\ (\dot{u}, \dot{v}, \dot{w}, \dot{p}, \dot{q}, \dot{r}, u, v, w, p, q, r)$$

$$Y_H = f_y\ (\dot{u}, \dot{v}, \dot{w}, \dot{p}, \dot{q}, \dot{r}, u, v, w, p, q, r)$$

$$Z_H = f_z\ (\dot{u}, \dot{v}, \dot{w}, \dot{p}, \dot{q}, \dot{r}, u, v, w, p, q, r)$$

$$K_H = f_k\ (\dot{u}, \dot{v}, \dot{w}, \dot{p}, \dot{q}, \dot{r}, u, v, w, p, q, r) \tag{4-6}$$

$$M_H = f_m\ (\dot{u}, \dot{v}, \dot{w}, \dot{p}, \dot{q}, \dot{r}, u, v, w, p, q, r)$$

$$N_H = f_n\ (\dot{u}, \dot{v}, \dot{w}, \dot{p}, \dot{q}, \dot{r}, u, v, w, p, q, r)$$

按照多元函数泰勒展开的原理，选择船体作等速直航的平衡状态，即 $u_0 \neq 0$，$v_0 = w_0 = p_0 = q_0 = r_0 = 0$，$\dot{u}_0 = \dot{v}_0 = \dot{w}_0 = \dot{p}_0 = \dot{q}_0 = \dot{r}_0 = 0$ 作为基准运动，作为泰勒级数展开点，则船体运动时，运动参数对初始状态的改变量可写成式（4-7）形式：

$$
\begin{array}{lll}
\Delta u = u - u_0 & \Delta v = v - v_0 = v & \Delta w = w \\
\Delta p = p & \Delta q = q & \Delta r = r \\
\Delta \dot{u} = \dot{u} & \Delta \dot{v} = \dot{v} & \Delta \dot{w} = \dot{w} \\
\Delta \dot{p} = \dot{p} & \Delta \dot{q} = \dot{q} & \Delta \dot{r} = \dot{r}
\end{array}
\tag{4-7}
$$

对公式（4-6）进行泰勒展开，忽视三阶以上导数，得到游艇流体动力一般表示式：

$$
\begin{aligned}
X_H = &\ X_0 + X_u \Delta u + X_v\, v + X_w\, w + X_p\, p + X_q\, q + X_r\, r \\
&+ X_{\dot{u}} \Delta \dot{u} + X_{\dot{v}} \dot{v} + X_{\dot{w}} \dot{w} + X_{\dot{p}} \dot{p} + X_{\dot{q}} \dot{q} + X_{\dot{r}} \dot{r} \\
&+ X_{uu} \Delta u^2 + X_{vv} v^2 + X_{ww} w^2 + X_{pp} p^2 + X_{qq} q^2 + X_{rr} r^2 \\
&+ X_{uv} \Delta uv + X_{uw} \Delta uw + X_{up} \Delta up + X_{uq} \Delta uq + X_{ur} \Delta ur \\
&+ X_{vw} vw + X_{vp} vp + X_{vq} vq + X_{vr} vr \\
&+ X_{wp} wp + X_{wq} wq + X_{wr} wr \\
&+ X_{pq} pq + X_{pr} pr + X_{qr} qr \\
Y_H = &\ Y_0 + Y_u \Delta u + Y_v v + Y_w w + Y_p p + Y_q q + Y_r r \\
&+ Y_{\dot{u}} \Delta \dot{u} + Y_{\dot{v}} \dot{v} + Y_{\dot{w}} \dot{w} + Y_{\dot{p}} \dot{p} + Y_{\dot{q}} \dot{q} + Y_{\dot{r}} \dot{r} \\
&+ Y_{uu} \Delta u^2 + Y_{vv} v^2 + Y_{ww} w^2 + Y_{pp} p^2 + Y_{qq} q^2 + Y_{rr} r^2
\end{aligned}
$$

$$+Y_{uv}\Delta uv + Y_{uw}\Delta uw + Y_{up}\Delta up + Y_{uq}\Delta uq + Y_{ur}\Delta ur$$

$$+Y_{vw}vw + Y_{vp}vp + Y_{vq}vq + Y_{vr}vr$$

$$+Y_{wp}wp + Y_{wq}wq + Y_{wr}wr$$

$$+Y_{pq}pq + Y_{pr}pr + Y_{qr}qr$$

$$Z_{\mathrm{H}} = Z_0 + Z_u\Delta u + Z_v v + Z_w w + Z_p p + Z_q q + Z_r r$$

$$+Z_{\dot{u}}\Delta\dot{u} + Z_{\dot{v}}\dot{v} + Z_{\dot{w}}\dot{w} + Z_{\dot{p}}\dot{p} + Z_{\dot{q}}\dot{q} + Z_{\dot{r}}\dot{r}$$

$$+Z_{uu}\Delta u^2 + Z_{vv}v^2 + Z_{ww}w^2 + Z_{pp}p^2 + Z_{qq}q^2 + Z_{rr}r^2$$

$$+Z_{uv}\Delta uv + Z_{uw}\Delta uw + Z_{up}\Delta up + Z_{uq}\Delta uq + Z_{ur}\Delta ur$$

$$+Z_{vw}vw + Z_{vp}vp + Z_{vq}vq + Z_{vr}vr$$

$$+Z_{wp}wp + Z_{wq}wq + Z_{wr}wr$$

$$+Z_{pq}pq + Z_{pr}pr + Z_{qr}qr$$

$$K_{\mathrm{H}} = K_0 + K_u\Delta u + K_v v + K_w w + K_p p + K_q q + K_r r$$

$$+K_{\dot{u}}\Delta\dot{u} + K_{\dot{v}}\dot{v} + K_{\dot{w}}\dot{w} + K_{\dot{p}}\dot{p} + K_{\dot{q}}\dot{q} + K_{\dot{r}}\dot{r} \qquad (4\text{-}8)$$

$$+K_{uu}\Delta u^2 + K_{vv}v^2 + K_{ww}w^2 + K_{pp}p^2 + K_{qq}q^2 + K_{rr}r^2$$

$$+K_{uv}\Delta uv + K_{uw}\Delta uw + K_{up}\Delta up + K_{uq}\Delta uq + K_{ur}\Delta ur$$

$$+K_{vw}vw + K_{vp}vp + K_{vq}vq + K_{vr}vr$$

$$+K_{wp}wp + K_{wq}wq + K_{wr}wr$$

$$+K_{pq}pq + K_{pr}pr + K_{qr}qr$$

$$M_{\mathrm{H}} = M_0 + M_u\Delta u + M_v v + M_w w + M_p p + M_q q + M_r r$$

$$+M_{\dot{u}}\Delta\dot{u} + M_{\dot{v}}\dot{v} + M_{\dot{w}}\dot{w} + M_{\dot{p}}\dot{p} + M_{\dot{q}}\dot{q} + M_{\dot{r}}\dot{r}$$

$$+M_{uu}\Delta u^2 + M_{vv}v^2 + M_{ww}w^2 + M_{pp}p^2 + M_{qq}q^2 + M_{rr}r^2$$

$$+M_{uv}\Delta uv + M_{uw}\Delta uw + M_{up}\Delta up + M_{uq}\Delta uq + M_{ur}\Delta ur$$

$$+M_{vw}vw + M_{vp}vp + M_{vq}vq + M_{vr}vr$$

$$+M_{wp}wp + M_{wq}wq + M_{wr}wr$$

$$+M_{pq}pq + M_{pr}pr + M_{qr}qr$$

$$N_{\mathrm{H}} = N_0 + N_u\Delta u + N_v v + N_w w + N_p p + N_q q + N_r r$$

$$+N_{\dot{u}}\Delta\dot{u} + N_{\dot{v}}\dot{v} + N_{\dot{w}}\dot{w} + N_{\dot{p}}\dot{p} + N_{\dot{q}}\dot{q} + N_{\dot{r}}\dot{r}$$

$$+ N_{uu}\Delta u^2 + N_{vv}v^2 + N_{ww}w^2 + N_{pp}p^2 + N_{qq}q^2 + N_{rr}r^2$$

$$+ N_{uv}\Delta uv + N_{uw}\Delta uw + N_{up}\Delta up + N_{uq}\Delta uq + N_{ur}\Delta ur$$

$$+ N_{vw}vw + N_{vp}vp + N_{vq}vq + N_{vr}vr$$

$$+ N_{wp}wp + N_{wq}wq + N_{wr}wr$$

$$+ N_{pq}pq + N_{pr}pr + N_{qr}qr$$

式（4-8）太复杂，并且多数动力系数相对较小，对式（4-8）简化，如下所示：

$$X_{\mathrm{H}} = -\lambda_{11}\dot{u} - \lambda_{33}wq + (\lambda_{22} + X_r)vr + X(u) + X_{vv}v^2 + X_{rr}r^2$$

$$Y_{\mathrm{H}} = -\lambda_{22}\dot{v} - \lambda_{11}ur + \lambda_{33}wp + Y_v v + Y_p p + Y_r r + Y_{v|v|}v|v| + Y_{r|r|}r|r| + Y_{v|r|}v|r|$$

$$Z_{\mathrm{H}} = -\lambda_{33}\dot{w} - \lambda_{22}vp + \lambda_{11}up + Z_w w + Z_q q \qquad\qquad (4\text{-}9)$$

$$K_{\mathrm{H}} = -\lambda_{44}\dot{p} - (-\lambda_{66} - \lambda_{55})qr - (\lambda_{33} - \lambda_{22})vw + K_v v + K_r r + K_p p + K_{p|p|}p|p|$$

$$M_{\mathrm{H}} = -\lambda_{55}\dot{q} - (\lambda_{44} - \lambda_{66})pr - (\lambda_{11} - \lambda_{33})uw + M_w w + M_q q$$

$$N_{\mathrm{H}} = -\lambda_{66}\dot{r} - (\lambda_{55} - \lambda_{44})pq - (\lambda_{22} - \lambda_{11})uv + N_v v + N_r r + N_{r|r|}r|r| + N_{v|r|}|v|r$$

通过对船舶运动的动力学分析以及外力受力分析，得到了船舶在波浪中运动的水平面空间运动方程组［式（4-3）］，以及船舶在运动过程中所受到的游艇流体动力和力矩。根据式（4-3）、式（4-4）、式（4-9），将这三个表达式进行归纳、总结并简化，最终得到本书研究的虚拟体验平台里游艇在波浪中运动的六自由度方程组：

$$(m + \lambda_{11})\,\dot{u} - (m + \lambda_{22})vr + (m + \lambda_{33})wq = X(u) + X_{vr}vr + X_{vv}r^2 + X_{wF} + X_{RD} + X_{P}$$

$$(m + \lambda_{22})\dot{w} - (m + \lambda_{33})wp + (m + \lambda_{11})ur$$

$$\qquad = Y_v v + Y_p p + Y_r r + Y_{v|v|}v|v| + Y_{r|r|}r|r| + Y_{v|r|}v|r| + Y_{wF} + Y_{RD}$$

$$(m + \lambda_{33})\,\dot{w} - (m + \lambda_{11})up + (m + \lambda_{22})vp = Z_w w + Z_q q + Z_{wF} + Z_{HS} \qquad (4\text{-}10)$$

$$(I_x + \lambda_{44})\,\dot{p} + [(I_z - I_y) + (\lambda_{66} - \lambda_{55})]qr + (\lambda_{33} - \lambda_{22})vw$$

$$\qquad = K_v v + K_p p + K_r r + K_{p|p|}p|p| + K_{wF} + K_{RD} + K_{HS}$$

$$(I_y + \lambda_{55})\,\dot{q} + [(I_x - I_z) + (\lambda_{44} - \lambda_{66})]rp + (\lambda_{11} - \lambda_{33})uw = M_w w + M_q q + M_{wF} + M_{HS}$$

$$(I_z + \lambda_{66})\,\dot{r} + [(I_y - I_x) + (\lambda_{55} - \lambda_{44})]pq + (\lambda_{22} - \lambda_{11})uv$$

$$\qquad = N_v v + N_r r + N_{r|r|}r|r| + N_{|v|r}|v|r + N_{wF} + N_{RD}$$

式中，下标 wF 代表波浪力；下标 P 代表螺旋桨推力；下标 RD 代表舵力；卜标 HS 代表非流体动力，即恢复力。

式（4-10）是游艇在波浪中运动的方程式，是一组六自由度运动速度的一阶微分方程，其计算结果可以采用龙格库塔法进行计算，所得的方程解就是一组随船坐标系上的速度和位移值，进行坐标系转换，获得在惯性坐标系下的游艇运动轨迹和运动速度。参考陈厚泰先生[105]的《潜艇操纵性》书中所提到游艇的空间运动转换关系，推导出水面游艇的关系如式（4-11）所示：

$$\dot{\xi}_0 = u\cos\psi\cos\theta + v(\cos\psi\sin\theta\sin\varphi - \sin\psi\cos\varphi) + w(\cos\psi\sin\theta\cos\varphi + \sin\psi\sin\varphi)$$

$$\dot{\eta}_0 = u\sin\psi\cos\theta + v(\sin\psi\sin\theta\sin\varphi + \cos\psi\cos\varphi) + w(\sin\psi\sin\theta\cos\varphi + \cos\psi\sin\varphi)$$

$$\dot{\zeta}_0 = -u\sin\theta + v\cos\theta\sin\varphi + w\cos\theta\cos\varphi$$

$$\dot{\varphi}_0 = p + q\tan\theta\sin\varphi + r\tan\theta\cos\varphi \tag{4-11}$$

$$\dot{\theta}_0 = q\cos\varphi - r\sin\varphi$$

$$\dot{\psi}_0 = q\sin\varphi/\cos\theta + r\cos\varphi/\cos\theta$$

式中，等式左边的物理量 $\dot{\xi}_0$、$\dot{\eta}_0$、$\dot{\zeta}_0$、$\dot{\varphi}_0$、$\dot{\theta}_0$、$\dot{\psi}_0$ 分别为在惯性坐标系中，三个坐标轴方向下的线位移和绕三个坐标轴方向下的角位移。式（4-11）就是游艇最终在水平上的六自由度运动仿真建模。

4.3 精准碰撞检测算法的实现

在虚拟场景中有很多逼真的仿真模型，为了使用户获得更好的沉浸感体验，需要运用碰撞检测技术来模拟真实的碰撞效果。碰撞检测是游艇虚拟仿真的核心内容之一，在真实游艇操作与航行中，各种按钮、开关、门的打开关闭，驾驶台上的操作，甚至在航行中，游艇、码头、航道之间存在着碰撞的危险，碰撞将导致游艇损坏、影响航行，严重的甚至引发事故，造成人员受伤。碰撞检测技术在游艇虚拟体验平台中的应用，能够准确判断游艇虚拟航行时是否发生碰撞，更加真实地模拟游艇航行，并对游艇航行驾驶过程中因驾驶不当而引发的事故予以模拟，使用户可以从这些事故或问题中掌握正确的操作方法或驾驶方式，对避免这些意外的发生有着重要的意义。

碰撞检测主要用于防止物体的干涉，对一些危险操作进行预警，所以物体碰撞检测的时效性和精准性是十分重要的。

4.3.1　碰撞检测技术

碰撞检测技术主要分为两类：一是动态碰撞检测；二是静态碰撞检测。动态碰撞检测，就是检测一个或多个物体在运动状态下是否与其他物体发生碰撞；静态碰撞检测，就是在静态下判断各个物体之间是否发生碰撞。

本书研究的是游艇虚拟体验平台，场景中的游艇及游艇的按钮、开关等经常变化且产生交互行为，因此，在航行中游艇与航道或码头之间要选用动态碰撞检测。而 U3D 自带的碰撞检测就是动态碰撞检测。

4.3.2　U3D 碰撞检测的精度和时效问题

U3D 自带 NVIDIA 开发的 PhysX 物理运算 API。U3D 场景物体通过添加 Collider（碰撞器）组件来进行碰撞检测，其中可添加多种 Collider，如 Sphere Collider、Box Collider、Capsule Collider、Terrain Collider 和 Mesh Collider。当两个具有 Collider 的物体发生碰撞时，U3D 会通过 API 进行响应函数的调用：

（1）Void OnCollisionEnter(Collision collisionInfo); //网格进入（碰撞发生）

每帧执行函数，每一帧 U3D 都检测是否碰撞，当发生碰撞行为，将会自动调用此函数。

（2）Void OnCollisionStay(Collision collisionInfo); //网格停留（碰撞停留）

当两个物体之间发生碰撞干涉，程序将每帧执行此函数，直到两个物体之间分离。

（3）Void OnCollisionExit(Collision collisionInfo); //网格离开（碰撞结束）

每帧执行函数，每一帧 U3D 都检测是否碰撞结束，当两个物体结束碰撞，物体分离，程序将调用此函数。

碰撞发生时调用三种函数的情景如图 4-11 所示。

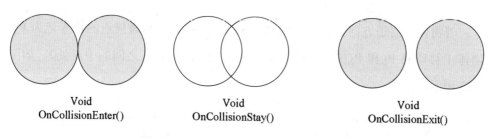

Void
OnCollisionEnter()   Void
OnCollisionStay()   Void
OnCollisionExit()

图 4-11　U3D 的三种碰撞函数的调用情景

在 U3D 中这三种函数都是每帧调用的，如果两物体在移动速度较快的情况下发生碰撞，在下一帧刷新之前，两物体已经碰撞干涉一定距离，这样就会导致碰撞检测的精度不高。另外，如果电脑的运行内存较大，就会发生延时，导致碰撞检测的速度降低，碰撞检测精度降低。为了解决 U3D 自身碰撞检测存在的缺陷问题，本书提出了在 U3D 碰撞的基础上进行二分法的精确碰撞检测算法。

4.3.3　二分法精确碰撞检测算法实现

精确碰撞的二分法检测算法的主要思路是：

对场景中碰撞物体的碰撞位置进行区间划分，按照精度要求，找到碰撞的位置点和碰撞位置区间。假设场景有两个物体——物体 1 和物体 2，物体 1 的初始位置为 P_1。物体 1 按一定方向前进，物体 2 固定不动。

第一步，粗略判断物体 1 在其前进方向上与物体 2 是否能够发生碰撞。

若物体 1 前进方向始终与物体 2 没有碰撞的点，如图 4-12 所示，则直接判定物体 1 与物体 2 方双方不会发生碰撞，精确碰撞检测结束，退出算法。

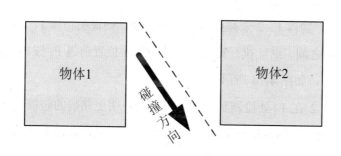

图 4-12　在物体 1 前进方向上不发生碰撞

若物体 1 前进方向上粗略判断到发生碰撞，则把粗略碰撞点的位置记为 P_2，物体 1 移动到 P_1 和 P_2 的二分位置 P_3（即 P_1 和 P_2 的连线之间的中点处），如图 4-13 所示。

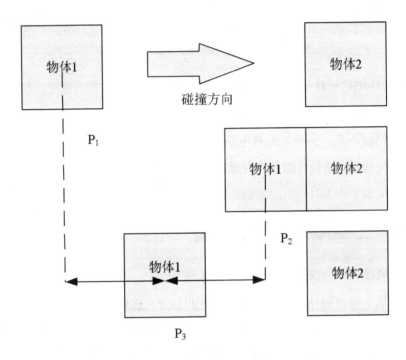

图 4-13 二分位置（P_3）处物体 1、2 未发生碰撞

第二步，在二分位置 P_3 处，首先通过 Void OnCollisionEnter()函数是否执行，来判断物体 1、2 是否发生碰撞。

若在 P_3 处，物体 1、2 未被检测到发生碰撞，则说明物体 1、2 的精确碰撞点位置在 P_2 与 P_3 之间。继续执行第三步：把物体 1 位置前进 P_3 与 P_2 之间新的二分位置，记为 P_{4-1}，如图 4-14 所示。

若物体 1、2 在 P_3 处检测到发生碰撞，则说明更精确的碰撞位置在 P_3 与 P_1 之间。此种情况下，则应执行第四步：把物体 1 位置后退到 P_3 与 P_1 之间新的二分位置，记为 P_{4-2}，如图 4-15 所示。

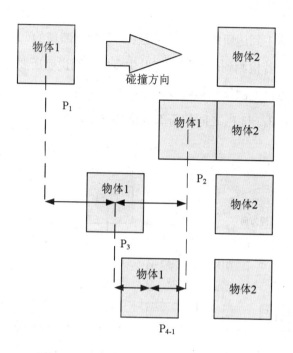

图 4-14 P_3 处未检测到碰撞与新 P_{4-1} 位置

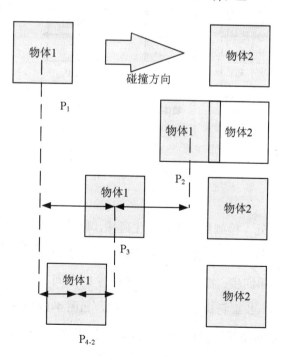

图 4-15 P_3 处检测到碰撞与新 P_{4-2} 位置

第三步，物体1到达新的二分位置之后，再次判断新的二分位置处，物体1、2是否发生碰撞。若检测到两物体没有发生碰撞，则说明所要寻找的精确碰撞点处于碰撞方向前方，返回执行第三步：令物体1位置分别前进至P_{4-1}与P_2之间的新二分位置P_{5-11}，P_{4-2}与P_3之间的新二分位置P_{5-21}，如图4-16所示。

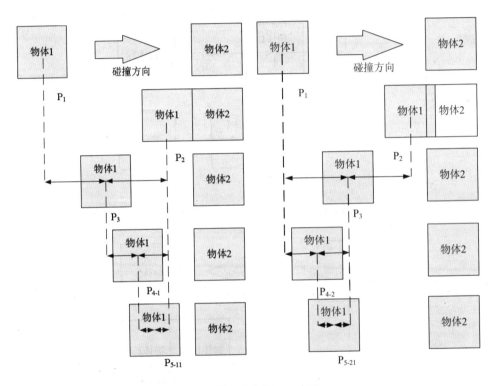

图4-16　新二分位置P_{5-11}与P_{5-21}

若新二分位置处，检测到两物体发生碰撞，则进入下一步精度的检测：通过物体1在新旧二分位置间的位移量，作为精度看是否满足精度要求。若不满足精度要求，则应返回第四步：物体1后退至P_{4-1}与P_3之间和P_{4-2}和P_1所组成的新二分位置P_{5-12}、P_{5-22}，并重新执行精确碰撞检测，如图4-17所示。

若物体1的精确碰撞位置点已满足精度要求，则记下精确碰撞点的位置信息，算法结束。

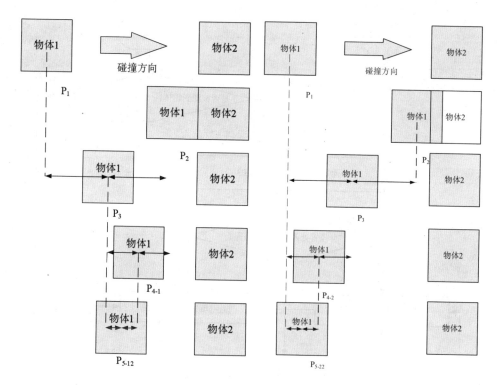

图 4-17　新二分位置 P_{5-12}、P_{5-22}

综上，通过循环检测主动碰撞物体 1 在二分位置处是否发生碰撞和碰撞位置是否满足精度要求，直至找到满足要求的精确碰撞点位置。此法即为二分法精准碰撞检测算法。综上所述，其逻辑流程图如图 4-18 所示。

4.3.4　精确碰撞检测算法实现效果

如图 4-19 所示，两球运动相撞后停下，得到使用二分法精准碰撞与 U3D 自带的碰撞检测函数的碰撞效果对比图。从图中可以明显看到左图两球停止时，位置刚好相切，右图两球停止时，却发生了部分干涉。由此可以证实二分法精准碰撞检测算法具有很高的精度性与时效性。

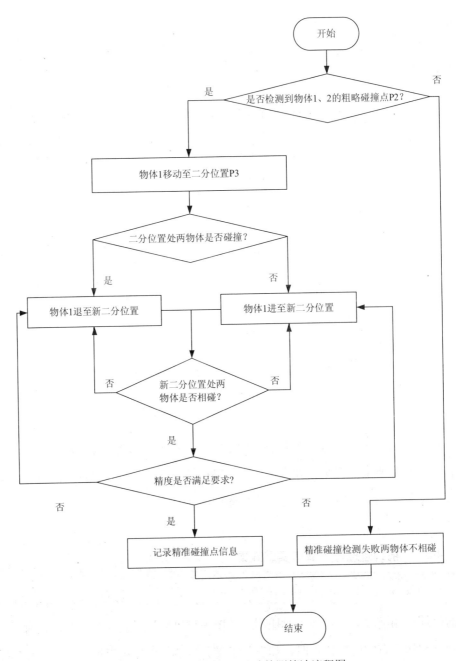

图 4-18　精准碰撞的二分法检测算法流程图

图 4-19   二分法精准碰撞检测效果（左）和 U3D 自带碰撞检测效果（右）对比

4.4   客户端与服务端互联通信的实现

4.4.1   互联通信的目标

如图 4-20 所示，客户端与服务端通过互联网进行互联通信，实现客户端与服务端的信息共享，并进一步实现多个本地客户端与服务端进行数据传输与程序调用，以确保通信与数据传输的安全性与稳定性。

图 4-20   客户端与服务端的互联通讯

4.4.2   客户端与服务端通信模块的实现

远程过程调用协议（RPC 协议）是基于应用层的过程调用，建立在 Socket 之上的通信协议，即本地客户端通过网络向远程计算机服务器请求服务。RPC 协议跨越了传输层和应用层，支持本地和远程的调用，使从远程的客户端调用程序和本地调用程序一样快捷、方便和安全。

RPC 协议使用 Client/Server 模型，其中 Server 端为服务端提供服务程序，而

Client 端为客户端发出请求程序。RPC 的整个调用流程如下：当建立 RPC 服务之后，首先 Client 端发出进程参数调用信息，通过 RPC 传输通道，传输至相应的 Server 端。在 Server 端，保持睡眠状态直到调用信息的到达，获取调用信息被唤醒。Server 端获取调用信息后，执行相应的操作计算结果，发送答复信息给 Client 端，然后继续进入等待状态，最后 Client 端收到答复信息，获得进程结果，调用执行并继续进行，如图 4-21 所示。

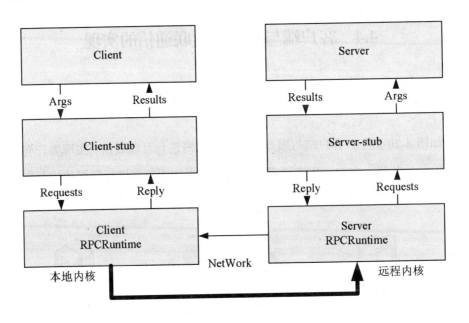

图 4-21　RPC 远程调用实现原理图

简单的示例如下：

[RPC]//接收函数

Void RecieveMessage（string message）{ //doing something }

[RPC]//发送函数

NetView.RPC（"ReceiveMessage"，RPCmode.All，"hello world!"）{

　//第一个参数为调用函数名

　//第二个参数发送模式，设备发送的对象

　//第三个参数为发送内容，要保持与接收函数的数据格式一致

　}

下文云课堂通信以 RPC 技术来实现，虚拟仿真实验室的云课堂以装载在游艇虚拟体验平台的计算机作为 Server 端，远程访问的电脑作为 Client 端。如图 4-21 所示，粗箭头轨迹与细箭头轨迹分别代表请求调用和调用答复。

4.4.3　信息安全校验设计与实现

在数据传输前，在客户端通过 RPC 协议向服务端发出程序请求，客户端获得服务器生成的身份通信密钥 APP-ID、APP-Secret。进行身份验证时，客户端通过身份密钥生成数字签名 Access-Key，把生成的 Access-Key 与服务端的数字签名对比相同后，方可通过安全校验，如图 4-22 所示。

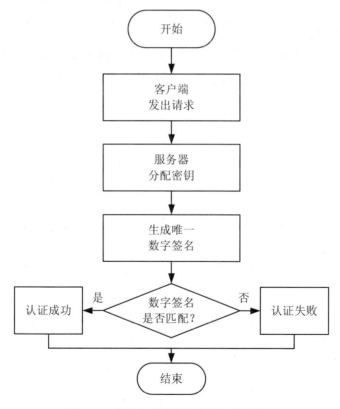

图 4-22　信息安全校验的设计与实现原理

4.5 本章小结

本章阐述了虚拟体验平台开发的关键技术，开放式可编辑文本技术，从 Unreal Engine 的蓝图（Blueprint）系统获得支撑，将 C#开发编写好的参数.cs 脚本打包，封装成以.xls、.txt 等可编辑文本格式文件为开发接口，使用 Excel 电子表格驱动仿真运动编辑方式代替直接编写冗杂烦琐代码驱动。游艇运动数学模型从动力学的动量矩定理出发，分析了游艇在水上运动时所受到的各类游艇流体动力，根据公式推导，最后得到游艇在波浪中运动的六自由度方程，最终获得游艇虚拟体验平台的运动仿真数学模型；精准碰撞算法的设计与实现是针对 U3D 自带碰撞检测功能的改进，与其自带碰撞检测功能相互结合，解决了碰撞检测功能的精度与时效性问题；客户端与服务端的通信技术，实现了远程调用和客户端软件的功能，为后续的构建虚拟仿真云课堂奠定了技术基础。

第 5 章　基于 VRML 的虚拟装配交互设计

5.1　VRML3D 交互原理

VRML 能够支持动态的、交互式的 3D 场景。VRML2.0 的设计者们采用了混合结构来支持这种灵活性。他们定义了一种方式在一个场景的实体之间传输信息，使得一个实体能转换成另一个实体。设计者随后加入一套事先定义好的节点用以产生一套有用的信息，以使场景作者能够激活实体。最后，他们为了支持这种公开的灵活性，又把连接任意程序语言片断或脚本的功能加入到场景中，这些描述能够产生信息和改变场景，因为这些描述可以是任意一种语言，能够建立复杂的应用程序，这些程序可以把 VRML 作为它们用户界面的一部分，也可以直接和磁盘、网络及其他应用程序对话。

5.1.1　执行模式

VRML2.0 能够使 3D 虚拟世界变得生动，这意味着 3D 场景不是静止的——有一种方法可以使物体变化。这种类型的改变可表现为多种形式：改变一个实体的位移，改变场景的颜色，甚至可改变场景与用户接触的方式。

为了实现这种类型的改变，VRML 定义了两个基本的元素。一是有一种能描绘将要发生什么，什么必须改变，以什么方式改变的方法。二是有一种能连接行为和需要变化的 VRML 实体的方法。这种来回传送场景实体的方法被称为执行模式。

执行模式是用来改变状态的。在 VRML 词典中，状态是指与场景中的实体相联系的数据。举例来说，一个球体的坐标位置、颜色等数据都是状态的一部分。

VRML 的这种面向对象描述方式对状态的定义和用户传统的编程语言操作下的状态是没有区别的。显然，正是这种状态的改变引起了 3D 世界的改变。

从本质上讲，行为驱使场景变化，这种变化经常反映在诸如用户输入或时间执行这类事件。执行模式是一种使行为者改变场景的机制，这种行为和状态的关系可以用一个简单的图表表示（图 5-1）。

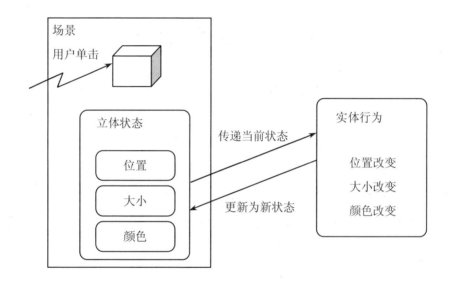

图 5-1　场景实体状态和行为之间的关系

5.1.2　执行模式的实施

执行模式的实施主要有三种：API 类、语言类和基于事件类。

1. API 方法

API 方法指把执行模式建立在浏览器 API 的基础上，这种 API 使应用程序员通过一系列程序的调用来操纵场景。API 方法的执行模式是基于过程的。这种方法使 VRML 文件简单化，但是浏览器可能因无法得到足够的场景信息而使优化场景比较困难。

2. 语言方法

语言方法指把 VRML 的 3D 数据形式完全转换为程序语言，这种方法与 API
的方法完全相反，它可以使浏览器得到场景的完整信息，也具有基本语言的控制
结构，但它会引起文件过大，不太适用于网络传输。

3. 基于事件的方法

基于事件的方法就是使用事件机制。VRML 场景自我包含实体，它们通过
一系列字段显示出它们的内在状态，可以通过使用事件读写这些字段。写一个
字段需要产生一个事件，这个事件被传送到字段中，而且用事件的值去更新这
个字段。一个事件发生使一个字段值改变或这种改变引起另一个包含新值的事
件被改变。

事件提供了 VRML2.0 执行模式的基础。事件是包含一些数据的信息，它被
用来作为事件的触发器。事件的概念与 Windows 中的事件概念相似，所不同的是，
VRML 中事件的来源和目标均是字段。

这种基于事件的方法的优点是：它能很清楚地把执行模式中的基本元素分
离出来。VRML 文件含有一套自我包含的实体，每一个实体都通过一个字段显
示界面，驱动场景变化的行为在 VRML 外部实施，执行模式最终提供了一个线
索——事件机制。这将使事件在行为者和 VRML 实体之间及个人实体之间携带
状态[106]。

5.1.3 执行模式的工作原理

VRML 的执行模式是基于两个基本特征：字段和事件及一个连接两者到一起
的机制——路由。

1. 字段和事件

VRML 的灵活性来自于它的一系列内置节点。在 VRML2.0 中，场景中的基
本节点通过一系列字段被参数化了，这些字段不仅能够定义节点的特征，还是执
行模式的基础，可以通过使用事件来机动地改变这些字段的值。当一个字段值被

更新之后，可能会产生另外一个有新的字段值的事件信息，这个字段信息将会被送到另一个字段，这个字段值将随着事件信息内容变化得以更新。

VRML2.0 中的字段有 4 种不同类型：

field 类字段是定义节点特征的数据值（例如球体节点中的半径）。

eventIn（事件输入）字段，它接收一个即将到来的事件，这个事件将改变其值为事件本身的值。

eventOut（事件输出）字段，这个字段是输出事件的值。

exposed（显示）字段——eventIn 和 eventOut 两种类的结合。这种字段即可通过事件接受一个新的值，又可把一个值作为一个 eventOut。一个 exposed 字段是两种字段类的结合，它可同时作为事件的输入和输出。

2. 路由

路由定义了事件输入和输出，并将节点连在一起，使事件在字段中流动，从而改变场景。

路由定义如下：

ROUTE node．Source Filed To node．Sink Filed

通过这种机制，字段可以被连接起来，使一个节点中的一个事件能引起另一个节点中事件的相关变化。这种变化是通过连接 eventOut 字段和 eventIn 字段得到的。路由只能发生在相同类型的字段中，否则，将提供一些必需的类型转换功能，但 VRML2.0 没有这功能。

3. 事件的触发和传输

事件定义了外部行为和 VRML 场景实体之间的关系，也定义了场景实体间的内部关系，清楚地指明哪个实体将会被改变和哪个字段将会被应用。事件是通过路由从一个节点传递到另外一个节点上。路由可将许多节点绑定在一起，创建复杂的线路，实现在虚拟世界中更真实复杂的交互。

但事件的起源在哪里？事件是怎样产生的？两个节点的路由在没有触发之前

一直处于休眠状态，只有在被触发时，才有事件产生。

这个问题有两个答案：插入器节点和传感器节点。这两种类型被设计用于产生新的值。传感器节点感受一些情况，当情况变化时产生事件。插入器节点则是往原值中插入新值并且产生赋了新值的事件。VRML2.0 有 6 个不同的插入器节点和 7 个不同的传感器节点。这两种节点常绑在一起工作，由传感器节点提供初始值，插入器节点产生新值。

事件传输的类型可分为串联事件和并联事件。

串联事件：一个 eventOut 事件连接到一个 eventIn 事件上，这种模式可以自然地延伸，使源于一个节点的事件能引起另一个节点的字段发生变化。这一过程的发生是由于路线中间的连接字段能够接收和产生事件的 exposed 字段（图5-2）。

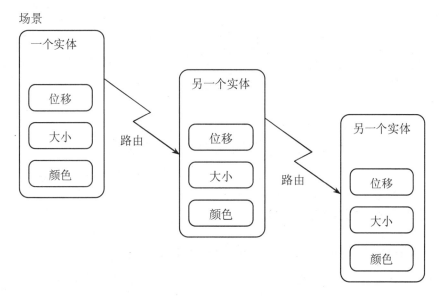

图 5-2 串联事件

并联事件：当一个字段值变化并且产生一个事件时，值便在所有的路线上传播[107]（图 5-3）。

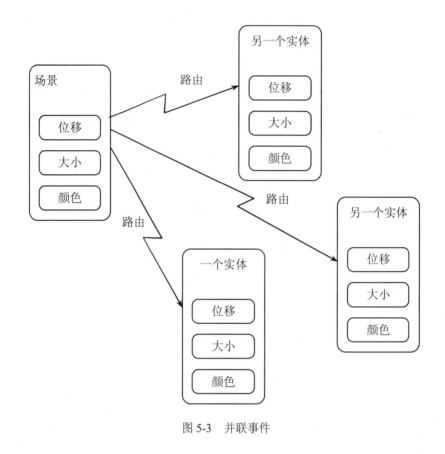

图 5-3　并联事件

5.2　系统动画交互的设计实现

5.2.1　静态行为和动态行为

VRML 支持强大的交互功能，它的交互有两类：静态行为和动态行为。

1. 静态行为

静态行为指利用 VRML2.0 的内置节点如感应器节点、视点节点、插值节点等与执行模式相结合，建立动画交互场景。

这种机制的局限性为没有决策逻辑、用户定义状态、没有外部访问。

因此，由静态行为建立的是事先定义好的动画，没有决策判断能力。

2. 动态行为

动态行为指用一段逻辑程序去决定事件产生。在 VRML2.0 中，任意行为都能用编程语言编写，然后再通过执行模式连接到场景中，以满足 VRML 世界中任意决策逻辑的需要。

VRML2.0 是通过 Script 节点扩展其执行模式的。Script 节点可以把任意程序逻辑置入场景以及关键点，将程序语言与 VRML 结合起来。

使用程序语言能够使复杂的数据类型处于询问状态，基于状态做出决定，再在决定基础上改变场景，但是运行代价昂贵，可能影响效果。因此，将静态行为和动态行为有机地结合起来将建立运行可靠、内容丰富的交互场景。

5.2.2 视点切换

Viewpoint 节点可使用户指定观测参数，在任何位置、任何方向和任意视角观察虚拟环境。同一场景可设置几个不同的视点，但同一时刻只能使用一个。它可与传感器连接，根据传感器的运动动态地改变视点，从而可使参与者在所构造的环境中漫游和浏览。

本系统除了设置初始视点"View 1"外，根据三视图主视图、俯视图、侧视图的投影原理，从模型的前面、上面、左面三个方向设立观察视点，分别为"Front View""Top View""Left View"。

```
DEF Top Viewpoint {
    position    0 0 0.7
    orientation  1 0 0 0
    fieldOfView   0.2
    jump FALSE
    description   "Top View"
}
DEF Front Viewpoint {
    position   0 -0.7 0
    orientation  1 0 0 1.57
    fieldOfView   0.2
```

```
        jump FALSE
        description    "Front View"
      }
  DEF Left Viewpoint {
        position    -0.7 0 0
        orientation    0.57 -0.57 -0.57 2.09
        fieldOfView    0.2
        jump FALSE
        description    "Left View"
  }
```

description 字段定义了视点的名称，该名称出现在浏览器的视点选择菜单中，浏览时选择浏览器窗口列表菜单中的选项进行视点切换（图 5-4）。合理地选择空间位置和空间视角，可使浏览器通过非跳跃方式改变视点的过程，展示出连续、平滑的图像变化。

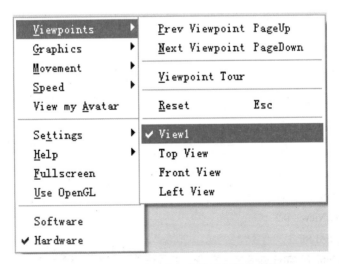

图 5-4　利用浏览器窗口菜单进行视点切换

5.2.3　传感器节点（Sensor）的交互性

VRML 的最大特点是它具有人机交互的功能，用户能随心所欲地操纵、控制虚拟环境中的物体。传感器便是 VRML 中提供交互能力和状态行为的基元。它包括 PlaneSensor、SphereSensor、TimeSensor、TouchSensor、ProximitySensor 和 VisibilitySensor 这六个节点。它们提供用户与虚拟世界中的物体进行交互的机制。从具体功能上来说，传感器节点使用一个定点设备（如鼠标）来感知用户的动作并产生相应的事件。这一事件经过路由将消息传送到相关节点，从而使虚拟世界中的对象发生响应。所有传感器都不产生视觉表达，只负责产生事件。

PlaneSensor 节点可用来检测浏览者在虚拟世界中的动作。它能感知浏览者鼠标单击或拖动几何物体的位置，根据浏览者意图使物体产生相应的移动。

在本系统中，将 PlaneSensor 节点绑定在待装配零件上，在局部的 X-Y 或 Y-Z 平面通过单击鼠标，驱动零件平移，来模拟零件的装配过程。

5.2.4　内插值器节点（Interpolator）与关键帧动画

从概念上来说，一个动画可以看成是有一个触发和逻辑单元、一个时间传感器、一组内插值器及受时间传感器驱动的对象。在 VRML 中，内插值器节点与时间传感器节点为动画的实现提供了基础。TimeSensor 节点可以用来创建一个时钟，它提供了开始动画、结束动画和控制动画播放速度的特性。随着时间的流逝，这个传感器会产生事件来表示时间的变化。为了描述动画过程中发生的变化，VRML 提供 PositionInterpolator、OrientationInterpolator、ColorInterpolator、ScalarInterpolator、NormalInterpolator、CoordinateInterpolator 六种内插值器节点，分别用来控制虚拟环境中物体的位置和方向、颜色和透明度、缩放、法向、坐标的变化。这些内插值器节点根据从时钟得到的信息，从相应的索引表中获得适当的一组值。在动画过程中，这组值被输出到对应的节点字段，从而决定了新的物体状态。VRML 中的动画描述使用了关键帧技术，它只需提供物体在几个关键时刻的状态值作为动画的框架，其中间值由内插值器节点在关键帧之间进行线性插值得到。

本系统是使用 ProximitySensor 节点感知浏览者行为的。浏览者进入到虚拟世界时，ProximitySensor 节点被激活，传感器节点的输出接口 isActive 输出 Ture 值，输出接口 enterTime 输出当前的绝对时间，通过路由驱动 TimeSensor 节点。TimeSensor 节点的输出绑定到内插值器节点的输入上，然后将内插值器节点坐标 x、y、z 的变换矩阵表示为点的输出连接到 Transform 节点的输入。浏览者一旦进入感知区域，时钟就开始计时，事件便在上述路由中传递，从而在动画运行中，节点的坐标系发生旋转，如图 5-5 所示。

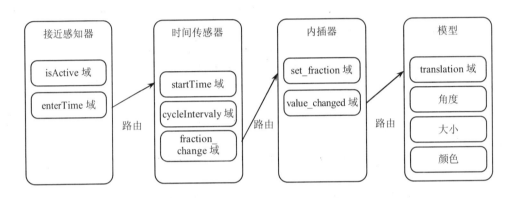

图 5-5　旋转动画流程

5.2.5　Script 节点与转换节点

转换节点 Switch 是一个群组节点，具有编组能力，它能将一个造型的不同版本组织在一起，作为 Choice 域的域值。通过使用 Switch 节点的 WhichChoice 域或相应的方法，可以在不同造型之间迅速转换。它的定义如下：

```
Switch {
    exposedField    MFNode    choice [ ]
    exposedField    SFInt32    whichChoice    – 1
}
```

本系统使用 Switch 节点为模型设计了几种表现形式，来增强模型动感，激发学生的兴趣，学生可选择其中自己喜爱的一种进行观察。但 VRML 内置节点没有选择判断的能力，若要在几个预先设计好的模型中选择一个并使用它，还需要逻辑程序的判断，需要 Script 节点。

　　Script 节点的字段是由用户自定义的字段，到达这些字段的事件会自动地移到和 script 节点相关的程序中。这些字段提供了 VRML 的状态和程序语言状态场景连接。在某种意义上，VRML 执行模式是通过 Script 节点延伸至 Java、Javascript 等其他程序语言世界的。可以使用它们轮流去操作场景。

　　本系统是通过鼠标单击来选择所需要的模型的，这是由传感器节点 TouchSensor 实现的。TouchSensor 是一种用来检测浏览者的接触并将事件输出以触发动画的传感器，它的输出说明了在何时、何地观察者接触到了可感知的零件。应用程序可根据定点设备（如鼠标）在屏幕上的移动（包括单击、拖动）来产生指定的事件。将 TouchSensor 节点绑定在零件模型上，通过 Javascript 程序判断点击次数来转换模型，如图 5-6 所示。

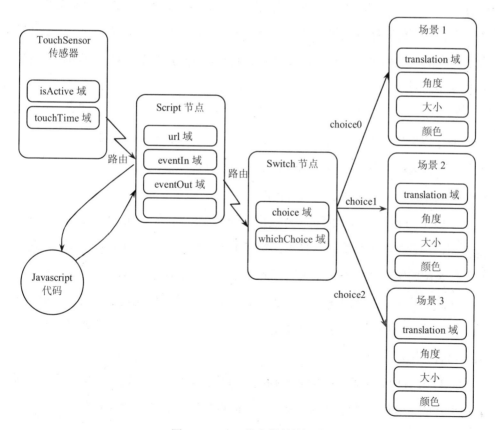

图 5-6　Script 节点控制的场景

5.3 球阀装配系统动画交互的实现

5.3.1 虚拟装配的安装顺序

根据装配体的装配路线，装配体分为单线装配和多线装配；多线装配又分为平行装配和交叉装配。

1. 单线装配

单线装配只有一条装配路线，装配顺序分为固定型、平行型和综合型。固定型的零件安装顺序固定，设计虚拟装配时，只要按各个零件的装配顺序安装即可。平行型的零件安装顺序不分先后，先安装哪一个零件都可以。设计虚拟装配时，各个零件的装配顺序应是平行的。综合型中的零件，有的安装顺序固定，有先后顺序；有的安装顺序是平行的，没有先后顺序。设计虚拟装配时，应考虑零件的安装顺序。

2. 平行装配

平行装配是指多线装配之间没有装配的交叉关系，也没有装配的先后关系。因此，平行装配可分解为多个单线装配。但设计虚拟装配时，比单线装配复杂。按装配顺序设计，可分成以下三种情况。

（1）设计时，人为地固定平行装配路线的先后顺序，按照给定的先后顺序一条路线、一条路线地装配。这样设计实际上把平行装配人为地固定为单线装配，与平行装配的实际情况差别太大。因此，这一类的设计不可取。

（2）设计时，多条平行的装配路线不分先后顺序。但安装一条路线的第一个零件后，就必须把这一条装配路线安装完，再选择下一条路线。这样设计与实际情况也有差别，但设计程序简单。

（3）设计时，多条平行的装配路线不分先后顺序，多条路线上的各个零件安装是平行的。这样设计与实际情况一致，但设计程序的编写比较复杂。

3. 交叉装配

交叉装配是指多条装配路线之间有交叉关系，多条路线上的各个零件之间又有安装的先后顺序，这类装配是最复杂的。设计虚拟装配时，按装配顺序设计，可分成以下两种情况。

（1）按照整个装配体的安装顺序，把多条装配路线的安装顺序人为地固定下来。这样设计与实际情况有差别，但设计程序相对简单。

（2）按照装配体的实际装配情况，多条装配路线交叉安装，这样设计程序非常复杂，但与实际相符。

5.3.2 球阀装配体的选择

根据装配路线的分类，交叉装配是最复杂的，若能设计出此类装配的虚拟装配，其他类型的虚拟装配也就变得非常简单了。在选择装配体时，应选择具有交叉装配的，球阀的装配就符合这种情况，如图 5-7 所示。该球阀是"工程制图"课程中比较常见的装配体，很多挂图、教材和习题集中都有此类的球阀，因此该球阀在"工程制图"的学习中具有一定的代表性。该球阀具有两条装配路线，且这两条装配路线的安装顺序有交叉。

根据球阀的工作位置及装配路线，把阀芯、阀盖等零件的装配路线称为水平装配；把阀杆、扳手等零件的装配路线称为垂直装配。在水平装配路线中，两个密封圈、调整垫、四个螺柱等零件的安装顺序是平行的，先安装哪个零件都可以；但阀芯必须在一个密封圈安装到阀体内后，才能安装；以上零件全部安装完成后才能安装阀盖，最后安装四个螺母。在垂直装配路线中，阀杆应安装在阀芯的槽内，因此应先安装水平装配路线中的阀芯后，才能安装阀杆；其他零件按顺序安装即可。在实际装配中，应在阀体内先安装一个密封圈，再安装阀芯，最后安装阀杆。安装阀杆后，再调整阀芯的位置，最后按安装顺序完成水平装配；水平装配完成后，再安装垂直装配路线。因此，这两条装配路线是交叉进行的。考虑到刚入校的一年级大学生没有实际经验和相关的装配知识，在设计虚拟装配时，只考虑阀芯与阀杆的安装顺序，不再进行安装调整。在拆卸的过程中，遵循"能拆就拆"的原则，设计虚拟装配的拆卸。

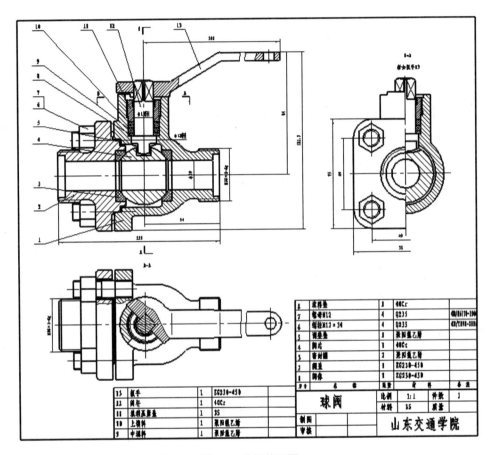

图 5-7　球阀装配图

5.3.3　球阀的虚拟安装与拆卸的顺序设计

在球阀的虚拟安装与拆卸中，各个零件的摆放按习惯上的爆炸图形式，如图5-8所示。首先固定阀体的位置，所有的零件都向阀体上进行安装。

球阀在水平装配路线中，属于综合型的装配。有的零件属于平行型装配，如两个密封圈、一个调整垫、四个螺柱、四个螺母等；有的零件属于固定型装配，如阀芯、阀盖等。一个密封圈安装到阀体内，一个密封圈安装到阀盖内，调整垫安装到阀体内，四个螺柱不分先后顺序安装到阀体的螺孔内，这些零件的安装顺序是平行的，先安装哪个零件都可以。阀芯必须在一个密封圈安装到阀体内后才能安装。两个密封圈、一个调整垫、四个螺柱以及阀芯等零件全部安装后，才能安装阀盖。阀盖安装后，才能安装四个螺母，这四个螺母的安装是平行的。

在垂直装配路线中，属于固定型的装配。但安装阀杆时，应检验阀芯是否安装，只有在阀芯安装后，才能安装阀杆，其他零件依次安装。

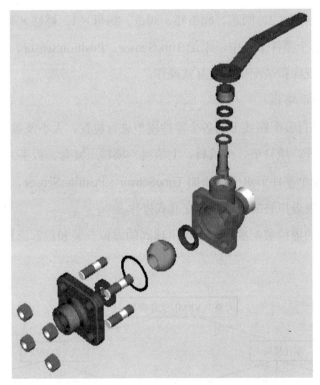

图 5-8　球阀在虚拟安装与拆卸中，各个零件的摆放形式

在球阀的两条装配路线中，两条装配路线上的零件可交叉地进行不分先后的安装。比如安装了几个水平装配路线上的零件后，又安装垂直装配路线上的几个零件，再安装水平装配路线上的零件，最后安装垂直装配路线上的零件。这两条装配路线上的零件可交叉地、平行地进行安装。

球阀的两条装配路线全部完成后，才能进行拆卸，拆卸的顺序与安装的顺序相反即可。

5.3.4 球阀虚拟装配的程序设计

装配的程序设计分为：

1. 水平装配路线

（1）对水平装配路线上的各个零件模型进行位置、大小及颜色的相关调整，零件包括：密封圈×2、阀芯、阀盖环、阀盖、螺母×4、螺柱×4。

（2）在每个零件节点中，添加 TimeSensor、PositionSensor、TouchSensor 插补器，用于实现虚拟装配中的交互式操作。

2. 垂直装配路线

（1）对垂直装配路线上的各个零件模型进行位置、大小及颜色的相关调整，零件包括：阀杆、填料垫、中填料、上填料、填料压紧套、扳手。

（2）在每个零件节点中，添加 TimeSensor、PositionSensor、TouchSensor 插补器，用于实现虚拟装配中的基本交互式操作。

根据球阀的虚拟装配顺序，设计出球阀的虚拟安装和拆卸流程图，如图 5-9 所示。

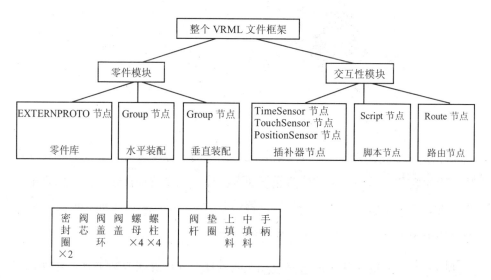

图 5-9　球阀虚拟装配的流程图

对零件模块和交互性模块的说明如下：

1. 零件模块

零件模块包括零件库、水平装配和垂直装配。

零件库：在外部利用 PROTO 节点定义由 SolidEdge 建模生成的零件，然后在 VRML 中利用 EXTERNPROTO 节点引用这些节点，以建立零件库。

水平装配路线上的各个零件通过 Group 节点组合在一起，将各个零件按爆炸图形式布置在水平方向。调整好各个零件的空间位置和零件之间的距离，调试好各个零件运动的方向和运动的距离。

垂直装配路线上的各个零件也通过 Group 节点组合在一起，将各个零件也按爆炸图形式布置在垂直方向。调整好各个零件的空间位置和零件之间的距离，并调试好各个零件运动的距离。

2. 交互性模块

交互性模块包括：插补器节点（TouchSensor 传感器、TimeSensor 传感器、PositionSensor 传感器）、脚本节点（Script 节点）和路由节点（Route 节点）。

插补器节点用于实现虚拟装配中的基本交互式操作；脚本节点用于扩展交互功能，完成高级交互式操作；路由节点用于连接插补器、脚本节点和零件的位置域，以实现其交互性。交互模块的流程如图 5-10 所示。

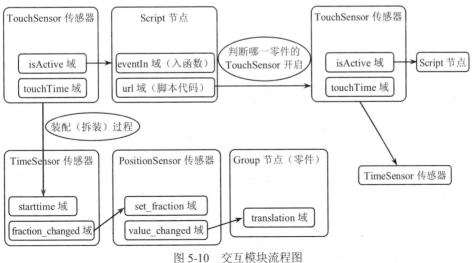

图 5-10　交互模块流程图

通过交互模块可实现交互性。当鼠标滑过零件时，鼠标会变为"手"形标志，表示该零件可以装配，单击鼠标左键，该零件按给定的路线安装或拆卸；当鼠标滑过零件，鼠标变成"+"字形时，表示该零件不能装配，点击鼠标左键，该零件没有任何反应，即说明该零件的安装或拆卸顺序错误，应选择其他零件。球阀的装配属于交叉装配，按"能装则装，能拆则拆"的原则设计交互性。若零件之间有装配顺序要求，设计交互性时，要保证顺序正确；若零件之间属于平行装配，没有顺序要求，设计交互性时，应保证零件之间的平行性。为了使学生尝试不同的安装或拆卸顺序，该系统设计了循环装配的模式。交互模块中各节点的设计如下：

（1）插补器节点。每个零件都有 TouchSensor、TimeSensor、PositionInterpolator 插补器以用于实现虚拟装配中的基本交互式操作。

```
DEF B_touch1 TouchSensor {
    enabled TRUE
}
DEF B_time1 TimeSensor {
    cycleInterval 1
    loop FALSE
}
DEF B_Pos1 PositionInterpolator {
    key [0 .25 .5 .75 1]
    keyValue [
        0 -.05 0
        0 -.03 0
        0 -.01 0
        0 -0.01 0
        0 .03 0
    ]
}
```

（2）脚本节点。脚本节点用于 Script 节点中。由于脚本节点没有全局变量，该程序用一个 SFNode 节点中的一个域值充当全局变量，例如：

Field SFNode node_V USE Bswitch01;

```
DEF Bswitch01 Switch {    #水平装配拆装
    whichChoice 0
    choice [
    Part0 {        }
}
```

脚本节点主要用于判断 TouchSensor 传感器是否可用，来实现其装配路径，例如：

```
DEF B_Script1 Script {
    eventIn SFBool Process
    field SFNode node_V USE Bswitch01
    field SFNode node_touch USE B_touch1
    field SFNode node_touch1 USE B_touch2
    field SFNode node_touch2 USE B_touch1_1
    field SFNode node_touch3 USE B_touch3
    field SFNode node_touch4 USE B_touch4
    field SFNode node_touch5 USE B_touch6_1
    field SFNode node_touch6 USE B_touch6_2
    field SFNode node_touch7 USE B_touch6_3
    field SFNode node_touch8 USE B_touch6_4
    url"javascript:
        function Process（value）
        {
            if（value==false）
            {
                if（node_V.whichChoice ==0）
                {
                    node_touch.enabled=false;
                    node_touch1.enabled=true;


                }
                if（node_V.whichChoice ==1）
```

```
                  {
                    node_touch2.enabled=false;
                    node_touch.enabled=true;
                    node_V.whichChoice--;
                    node_touch3.enabled=true;
                    node_touch4.enabled=true;
                    node_touch5.enabled=true;
                    node_touch6.enabled=true;
                    node_touch7.enabled=true;
                    node_touch8.enabled=true;
                  }
               }
            }
     "  }
```

（3）路由节点。路由节点用于连接插补器、脚本节点和零件的位置域，以实现其交互性。

ROUTE B_touch1.isActive TO B_Script1.Process
平滑过渡
ROUTE B_touch1.touchTime TO B_time1.startTime
ROUTE B_time1.fraction_changed TO B_Pos1.set_fraction
ROUTE B_Pos1.value_changed TO Body1.translation

5.4　本章小结

本章研究了 VRML 的基本执行模式及其基于事件驱动实施方法以及执行模式的工作原理，VRML 通过路由将各节点的输入、输出字段相连，使事件在各节点中传输，实现了动画交互。

本章还阐述了本系统所采用的静态行为与动态行为相结合的设计方法，详细分析了传感器节点、内插器节点、转换节点、Script 节点的使用原理，以及怎样利用它们与 VRML 的其他节点相结合创建生动、有趣的动画交互场景。

最后阐述了球阀装配系统的动画交互实现以及其虚拟装配的程序设计，研究了虚拟装配的安装顺序设计，球阀装配体的选择，球阀的虚拟安装和拆卸顺序设计，完成了系统零件模块和交互性模块的程序设计。

第6章 游艇虚拟仿真体验平台开发

本章进行游艇虚拟体验平台的整体开发,分析开发虚拟仿真软件的基本流程,参考公司软件工程师从开始承接项目到最后交付项目的整体软件开发流程;结合虚拟平台具体功能规划,运用可编辑文本技术的 Excel 表格进行平台功能的编写与实现;同时在人机交互设计和游艇虚拟航行中运用了精确碰撞检测算法,最后完成游艇虚拟体验平台的搭建。

6.1 虚拟体验平台开发的总体方案

本章研究的虚拟体验平台主要针对的是游艇虚拟体验和游艇虚拟开发两大领域。本章所设计的虚拟仿真是对现实生活中的山东航宇船业集团股份有限公司建造的"孔子号"豪华游艇及码头的虚拟映射,除了游艇、场景模型的逼真性外,还应具备真实游艇的相关功能和特征。总体来说,本平台应在需求和功能方面展现自己的特点和竞争优势。

6.1.1 需求分析

在对比现有国内外出现的相关游艇虚拟仿真系统,以及搜集了游艇厂家及船东的需求后,明确了要研发的仿真平台,该平台需关注产品定位、基本需求、体验需求、应用需求、环境适应五个方面,如图 6-1 所示。

1. 产品定位

游艇虚拟体验平台是一款基于虚拟现实技术的游艇虚拟仿真软件,突破当前游艇这种高档消费品的局限性,拓宽游艇的功能价值,适用于驾驶教学、游艇虚拟体验、游艇销售支持等诸多场合,并提供长期的软件维护和升级。

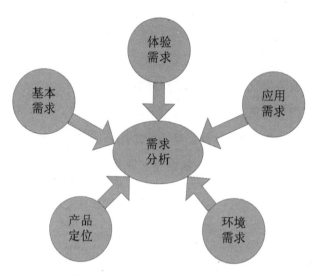

图 6-1　虚拟体验平台的需求分析

2. 基本需求

基本需求指一款游艇虚拟仿真软件必须满足的基本功能需求，包括游艇运动坐标系、轨迹规划、运动控制、程序编辑解析等。这些功能是游艇虚拟体验平台的核心，是实现其他功能的基础。

3. 体验需求

仿真系统中虚拟游艇应具备与真实游艇一样的完整结构，并且游艇各个部分在外观和内饰上也须一致，具有与真实游艇驾驶台完全一致的操作按钮及面板显示，同时能实现与真实驾驶台相一致的操作，具有与真实游艇驾驶启动及航行时一样的操作步骤，并能在航行时，判断出是否发生撞船的现象，提供报警信息。

4. 应用需求

应用需求指游艇虚拟体验平台要真正参与到实际项目中。将开发完成的整个游艇虚拟体验平台交由客户，实现游艇的 3D 虚拟仿真，而不是以前的交付给客户抽象的 2D 总布置图或几张设计照片。客户亲自体验该游艇的外观、内饰、驾驶台、卧室、整体设计等方面，并将需求反馈给游艇厂家，在游艇的设计阶段就与用户完成沟通，实现个性化游艇的私人定制，避免因为没有具体的参照而使设计和建造的游艇与客户目标有所差异，客户对建造的游艇不满意而提出更改，不能按计划交船，浪费双方不必要的资金和时间。

5. 环境适应

环境适应主要考虑软件的安装环境和软件的扩展。

安装环境是指软件将安装到 PC 平台、Android 平台、嵌入式平台等，在程序开发时需要兼顾多平台属性。软件扩展是为了增强游艇虚拟体验平台的应用范围，还应该考虑其可扩展性，为后期增加游艇功能及游艇型号作准备。

6.1.2　功能设计

游艇的虚拟体验平台目标是将真实的"孔子号"豪华游艇及微山湖码头场景通过虚拟仿真技术逼真地模拟再现，来构建游艇、码头的虚拟仿真场景，其中涉及模型仿真、特效仿真、场景漫游与驾驶漫游等功能的模拟。同时为了用户更快上手使用软件，应该添加用户引导与提示等辅助功能。

结合上述需求分析，从漫游、驾驶、特效三个方面来考虑模块化设计，本书将整个仿真系统分成漫游浏览功能、虚拟驾驶功能、辅助操纵功能三大部分，如图 6-2 所示。

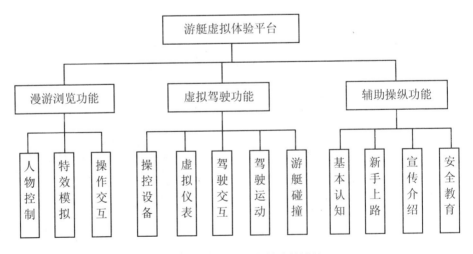

图 6-2　虚拟体验平台的功能设计

漫游浏览功能主要是对虚拟厂房、游艇、荷花等虚拟场景的浏览，包括了"人物控制""特效模拟""操作交互"。其中"人物控制"模块通过控制人的走、跑、跳、视线的移动等控制人物动作。"特效模拟"模块是对场景加入了一系列的物理特效和粒子特效，比如晴天、雾、雪、雨等自然天气的模拟，淋浴喷水，水龙头流水等特效的模拟。操作交互就是对场景中的虚拟物体进行交互，比如手点击灯开关控制灯的亮灭等一系列的操作交互。

虚拟驾驶的基本功能包括："操控设备""虚拟仪表""驾驶交互""驾驶运动""游艇碰撞"。"操控设备"模块是指操作驾驶台上各种设备按钮；"虚拟仪表"模块是指驾驶台上各个仪表虚拟模拟的情况，如电子海图、磁罗经、电流表、电压表、水位表等仪表的模拟；"驾驶交互"模块是指游艇启动、离港、停船等这些驾驶交互；"驾驶运动"模块是指游艇航行时的自由运动、横摇垂荡、直线运动、回转运动、惯性停船等运动形式；"游艇碰撞"模块是游艇在虚拟的微山湖场景航行时，游艇撞到码头、灯塔、岛屿固定建筑物时，游艇会报警和停止航行的状态。

辅助操纵功能是本软件的特色，主要包括了"宣传介绍""游艇的基本认知""新手上路""安全教育"四大方面。"宣传介绍"是为了游艇销售、公司推广和景区发展所做的介绍，对"孔子号"游艇、山东航宇船业集团股份有限公司和微山湖景区进行的宣传。"游艇的基本认知"包括对游艇基础介绍和舱室介绍，介绍游艇的基础性能（速度、荷载、发动机等）、内装设计和舱室的布局。"新手上路"对初次使用该软件的人进行简单的操作介绍，使其能快速上手操作，快速使用。"安全教育"是针对客户或游艇学员进行游艇驾驶的警示教育，分为游艇发生事故时的生存技能、游艇发生故障时简单处理、游艇平时的保养维护三个方面进行教育指导。

6.2　游艇虚拟体验平台开发流程

参照公司虚拟仿真软件的开发流程，制定了游艇虚拟体验平台的具体开发流程，如图6-3所示。

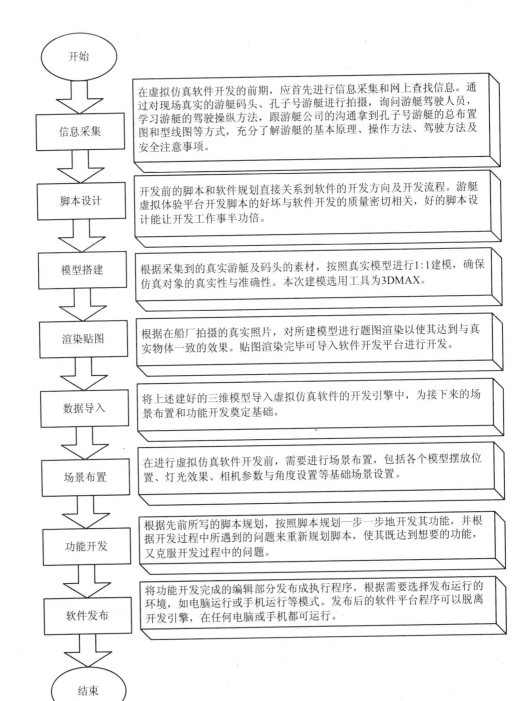

图6-3　游艇虚拟体验平台开发的基本流程图

6.3　游艇虚拟体验平台的整体框架

通过对游艇虚拟体验平台的需求分析和功能设计，最终确立仿真平台的总体框架结构。游艇的 3D 模型是整个系统的主要操控对象，而配置文件和程序文件则是整个系统的数据基础，其中涉及模型仿真、特效仿真、场景漫游与驾驶漫游等功能的模拟，外加有效的用户引导与提示，最终构成了整体的游艇虚拟体验平台。图 6-4 展示了游艇虚拟体验平台的整体系统框架。

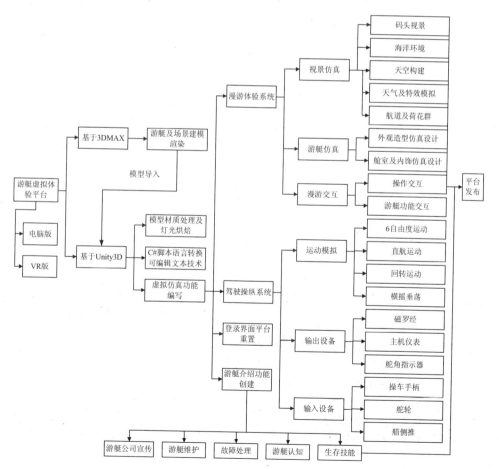

图 6-4　游艇虚拟体验平台的整体系统框架图

图 6-4 已经很简洁地表达了游艇虚拟平台是由建模平台与开发平台共同构建的，仿真平台的整体功能和含有的各个模块功能，比较直观地对各功能进行界限分类，使前期开发和后期维护变得更加方便。

6.4　游艇体验平台基础场景构建

3D 虚拟场景视景仿真建模包括 3D 空间场景构建、基础环境的构建、游艇 3D 实物效果建模，本平台中场景码头以济宁微山湖山东航宇船业集团股份有限公司的游艇码头为背景，依托该公司设计方案，进行虚拟游艇体验平台构建。在对虚拟系统的物理模型进行创建时，要确定所采集的物理模型具有精确数据，保证模型的准确性，这不仅指单个模型的数据准确，还要确保物体的整体与周围环境各方面的数据比例关系准确。场景数据是从真实地点采集数据，采集所需环境模型的比例尺寸等确保模型结构基础数据的准确性，确保虚拟场景真实有效，以便于场景视景的创建。

6.4.1　游艇的建模与渲染

虚拟仿真软件开发前期的主要工作是对真实游艇信息进行采集，如图 6-5 所示，是在山东航宇船业集团股份有限公司现场拍摄的"孔子号"游艇。

图 6-5　"孔子号"游艇

　　根据游艇虚拟体验平台的需求，采集游艇、码头等相关数据，参照真实"孔子号"游艇的数据对其进行 1:1 建模，确保仿真游艇的真实性。首先进行船体的构建并根据该游艇的船体型线图（图 6-6）上的数据，参照真实照片完成孔子号游艇的船体建模。

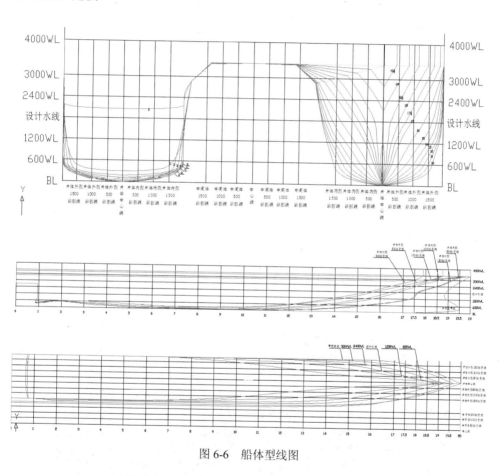

图 6-6　船体型线图

　　建好船体模型后，根据游艇的总布置图，参考游艇侧视图（图 6-7）与前、后视图（图 6-8），分层建立游艇的舱底结构、甲板驾驶舱、上层甲板结构。首先参照游艇舱底图（图 6-9）建立舱底的结构和主卧室、副卧室、卫生间等，然后参考游艇主甲板图（图 6-10）建造主甲板、驾驶台、沙发等舱室模型，最后参考上甲板图（图 6-11）建造上驾驶台及信号灯等模型。由于游艇曲面及面片较多，所以对于游艇要进行面片精简，将模型的曲面和平面转化为可选择编辑多边形面层次，并将许多面片组合成一个面片，从而减少整体面片个数。

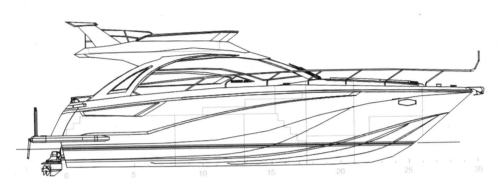

图 6-7　游艇侧视图初步设计

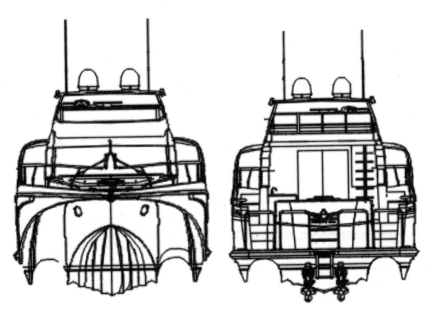

图 6-8　游艇前（左）、后（右）视图初步设计

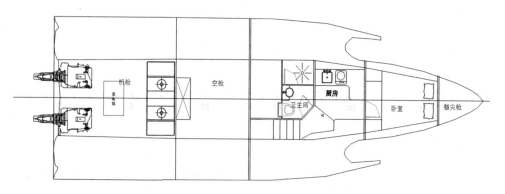

图 6-9　游艇舱底图初步设计

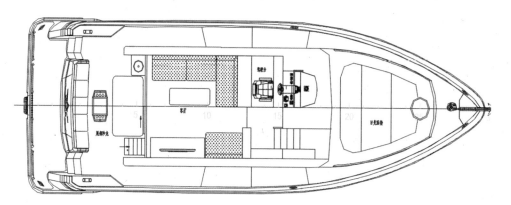

图 6-10　游艇主甲板图初步设计

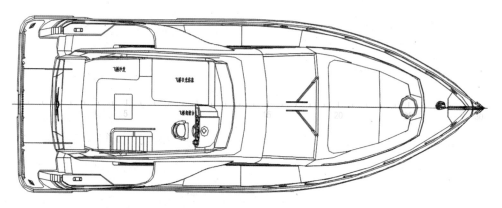

图 6-11　游艇上甲板图初步设计

完成游艇模型的整体创建优化后,需要对模型的细节部分进行局部模型创建。

通过选择点、线、面对模型结构进行调整，使模型结构符合真实模型。对于具有弧面和曲面的模型，运用多边形与几何建模方法创建较困难，因此要采用 NURBS 建模方法对各多边形模型进行修改。但对于难以修改的尖锐角就需要结合其他方法进行修改、修饰和剪切，再结合多曲面控制针对复杂精细模型的建立，最终完善建立整体"孔子号"的 3D 模型，如图 6-12 与图 6-13 所示为建立的游艇模型。

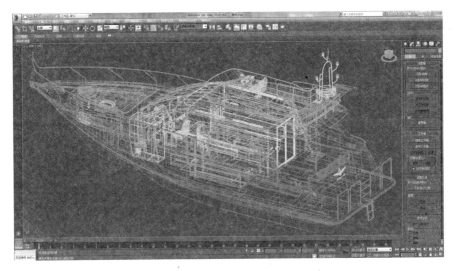

图 6-12   孔子号游艇建模整体线性结构

图 6-13   "孔子号"游艇建模最终整体外观

　　初步构建的游艇 3D 模型只有游艇的外观轮廓，船体表面没有任何材质。为了游艇仿真的真实性，要利用 3DMAX 软件中的材质贴图功能对游艇进行材料填充。然后使用 U3D 构建 3D 虚拟场景，并进行环境光照烘焙设置。参照在山东航宇集团拍摄的游艇真实照片，对构建的 3D 模型的船体表面进行贴图材质处理。最后，将贴图渲染好的游艇模型导入 U3D 中，来进行后续功能开发。在进行平台功能开发前，需要对游艇进行灯光效果调整与处理、光效烘焙和游艇模型位置调整等基础准备工作。最终呈现的效果与真实效果对比如图 6-14 所示。

图 6-14　游艇真实舱室视景效果（上）与渲染视景效果（下）对比

6.4.2　码头与荷花的场景建模与渲染

经过游艇的 3D 模型搭建及渲染后，需要对码头场景进行建模及渲染，本书的游艇码头场景选择山东航宇船业集团股份有限公司在微山湖上的游艇码头，并选取微山湖的部分航道及航道周边的荷花群加上中心岛构成了整个虚拟码头场景，参照上述游艇建模步骤，第一步参照真实照片加上游艇公司给予的布局图，如图 6-15 所示，建造游艇码头 3D 模型。

第一步选取基平面，把基平面作为厂区地面，建造厂区地面模型，在厂区地面上建造厂房和塔吊等 3D 模型，最后建造游艇码头的停泊位 3D 模型。图 6-16 是根据公司提供的布局图，完成建立的游艇码头 3D 模型。

图 6-15　游艇公司码头布局图

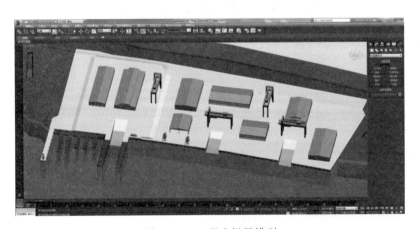

图 6-16　3D 码头场景模型

　　码头建模完成后进行贴图渲染，从真实照片上提取其材质，利用材质贴图功能对物体进行材料填充。图 6-17 是码头局部视景与最终渲染和烘焙后的效果比较。

图 6-17　码头局部实景（上）与模型渲染（下）对比图

　　第二步进行荷花群的构建，微山湖航道两侧由荷花群构建，由于荷花数量非常多，且包含各种形状及样式，因此建模既要满足荷花的多样性又不可能做到建立成千上万朵不一样的荷花模型。所以不能只单一建立一种荷花 3D 模型，而应采取建立多种荷叶、荷花、莲子、根茎、藕节、莲蓬这些模型，通过分解组合共同组成一朵荷花，使其组成的荷花群模型更加真实。图 6-18 是最终构建的不同荷叶、荷花、莲蓬等共同组成的一束整体荷花模型。

　　用一束束荷花模型组成一个荷花群，图 6-19 所示是真实的荷花群，图 6-20 所示是 3D 模型荷花群。

图 6-18　最终荷花 3D 模型

图 6-19　真实的荷花群

图 6-20　一束束荷花组成的 3D 荷花群

　　将完成好的所有模型导入到平台中，调整游艇位置、码头位置、厂区及荷花群等位置，调整好环境灯光效果、模型、相机等元素在开发环境中的位置及角度，做好开发前的准备工作。图 6-21 是最终码头成形效果图。

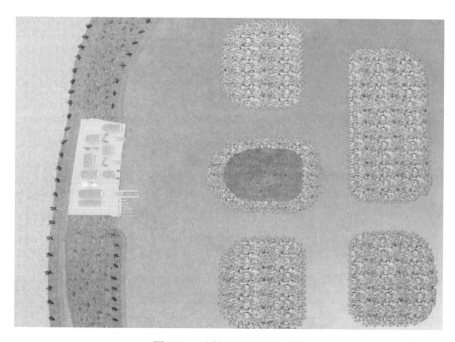

图 6-21　环境视景开发完成图

6.4.3　天空与海洋环境的建立

在构建游艇虚拟体验平台时，对所需要构建的整体虚拟环境来说，天空、海洋视景环境的搭建是最基础的，同时也是最重要的。天空的虚拟仿真与海洋的虚拟仿真的搭建，将使构建的整体虚拟环境更趋近于真实环境。

U3D 自带有 Skybox 资源包，对天空的创建需要通过天空盒来实现，构建的天空盒子需要确保天空模型的真实性，天空盒的构建需要 up、down、front、back、right、left 六张连续的材质图，才能构造无缝的天空环境。天空盒实际上就是一个全景视图，以上述的六张材质图分别构成天空盒的六个主轴方向视图，并且这六个视图完整拼接起来正好无缝连接成一张环形的天空视景。这样天空在任何角度观看都是连续的天空效果，并且被渲染的天空在场景中对系统资源消耗最小，具有真实性最佳的效果，以构建的 sunny 天空为例，其 Assets 资源包下的显示如图 6-22 所示。

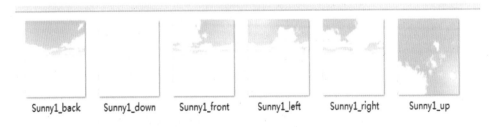

Sunny1_back　　Sunny1_down　　Sunny1_front　　Sunny1_left　　Sunny1_right　　Sunny1_up

图 6-22　Sunny 的六张连续材质图

自定义创建天空场景的方法：首先通过 U3D 创建的工程，建立相应的场景。把需要的天空盒子资源引入到创建的工程中，在 Assets 下创建一个材质，并将其材质更改为 Skybox 下的 6Sided，然后在 Unity 中通过 Component-Rendering 下的 Skybox 选择自己想要的天空环境，如图 6-23 所示为两种不同的天空效果。

海洋环境的创建：虽然 U3D 开发引擎自带水资源包，但如果用其创建水环境，其创建的水环境会存在很多不合理的地方，并且基本参数调整比较复杂，所以不采用其自带的水资源系统。为了保证水环境的真实性并且减少系统内存消耗，降低运行时对电脑基本配置的要求，本书采用为 U3D 制作的海洋环境插件资源包。首先将所需的水环境插件资源包引入上述创建的工程内，通过 Import Package-Custom Package 导入 Ceto Ocean System 资源包，导入后，该资源包在预制件界面 ALL Prefabs 下，会直接变成 Ocean_OpaqueQueue 预制件，该预制件可以直接拖入编辑界面使用。

图 6-23　天空效果展示

水环境 Ocean_OpaqueQueue 预制件，包含 Ocean（Script）、Projected Grid（Script）、Wave Spectrum（Script）、Planar Reflection（Script）、Under Water（Script）等，其中 Wave Spectrum 的脚本参数设置如下：

Foam Amount：水泡沫的数量。

Foam Coverage：水泡沫的覆盖率。

Wind Speed：风速的大小。

Wave Age：波浪的周期。

Wave Speed：波浪的速度。

Grid Scale：网格比例。

Wave Smoothing：波浪的缓和度。

通过调整以上脚本参数值可实现各种水环境的模拟，改变 Wave Age、Wave Speed 等参数，可以模拟出不同的波浪如碎浪、涌浪、海啸等，因为微山湖是内湖，所以调整成微小风波的水环境，即如图 6-24 所示的一种内湖水环境。

图 6-24　内湖水环境

本书开发的整个系统平台是以山东航宇船业集团股份有限公司码头及微山湖部分航道为背景，属于典型内河航区，游艇的驾驶区域为 C 级航区。

6.4.4　天气与特效的创建

天气的模拟是指游艇航行时或停泊时遇到的天气情况，现实环境是在不断变化的，不可能天天都是艳阳高照的好天气，因此为了更加真实地贴近现实环境，需要模拟不同的天气环境。通过 Unity 自带的粒子特效系统 Particle System 调整其参数与设置，设计出正常白天、下雨、起雾以及下雪四种天气来供选择。通过创建 UI 中的 Button（开关）作为天气选择的控制器，控制切换不同的天气情况，选择操作和开发人员驾驶游艇航行时的天气状况，作为构建的虚拟环境视景的基础配置。粒子系统模块在主面板 Particle System 的显示如图 6-25 所示。

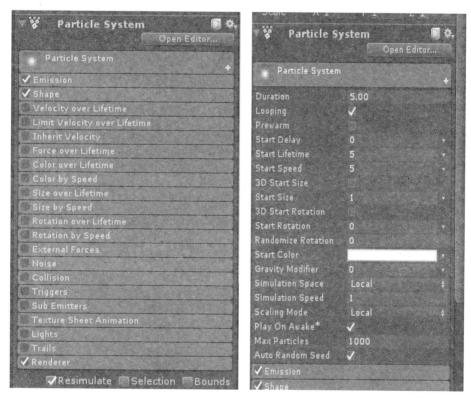

图 6-25　粒子系统模块与 Particle System 参数界面

下面对粒子系统主面板 Particle System 进行论述：

● Duration：粒子发射周期，如图 6-25 所示，5.00 秒为一个粒子发射周期。

● Looping：粒子按照周期循环发射。如果不勾选，则粒子 5.00 秒之后会停止发射。

- Prewarm: 预热系统，如果想让粒子充满空间，但是粒子发射速度有限，此时就应该勾选 Prewarm，粒子会在最开始的时候就充满空间。

- Start Delay: 粒子延时发射，勾选后，粒子延长一段时间才开始发射。

- Start Life Time: 粒子从发生到消失的时间长短。

- Start Speed: 粒子初始发生时的速度。

- 3D Start Size: 当需要把粒子在某一个方向上扩大的时候使用该属性。

- Start Size: 粒子初始的大小。

- 3D Start Rotation: 需要在一个方向旋转粒子的时候可以使用。

- Start Rotation: 粒子初始旋转。

- Randomize Rotation: 随机旋转粒子方向，对圆形粒子空间没有什么作用。

- Start Color: 粒子初始颜色，可以调整加上渐变色。

- Gravity Modifier: 重力修正。

- Simulation Space: a. Local，此时粒子会跟随父级物体移动；b. World，此时粒子不会跟随父级移动；c. Custom，粒子会跟着指定的物体移动。

- Simulation Speed: 根据 Update 模拟的速度。

- Delta Time: 一般的 Delta Time 都是 1，Sacled 在需要暂停的时候使用，根据 Time Manager 来定。如果选择 Un Scale 的话，就会忽略时间的影响。

- Scaling Mode: Local，粒子系统的缩放和自己 Transform 的一样会忽略父级的缩放；Hierarchy，粒子缩放跟随父级；Shape，将粒子系统跟随初始位置，但是不会影响粒子系统的大小。

- Max Particles: 粒子系统可以同时存在的最大粒子数量。如果粒子数量超过最大值，那么粒子系统会销毁一部分粒子。

- Auto Random Seed: 随机种子，如果勾选会生成完全不同、不重复的粒子效果，如果不勾选即为可重复。

粒子系统的参数设置完成后效果如图 6-26 所示。

图 6-26　雨、雪粒子效果图

　　场景特效的模拟包括天空中飞翔的鸟类、水中游动的鱼类、各种声音特效模拟、穿越特效模拟以及游艇航行时的浪花特效模拟。

　　鸟类与鱼类生物的模拟可通过使用 3DMAX 软件，借助 3DMAX 软件中的骨骼和动画功能，模拟鱼类与鸟类的行为动作，然后通过 U3D 加上鱼游动的声音和水鸟的叫声。

　　声音特效包括跟水相关的声音、开关的声音模拟、开关门声音模拟、人体走动声音、鸟类声音模拟、发动机声音模拟、特定场所背景音乐、穿越声音、音乐播放器声音以及电视播放声音等效果。在整体系统的开发中，声音特效通过该工程 Excel 表格中的声音播放响应进行控制。整体系统中通过 Audio Listener 和 Audio Source 组件进行声音的模拟，Audio Listener 相当于人的耳朵，因此只需添加一个 Audio Listener 组件；Audio Source 根据特定的逻辑，模拟在各阶段的声源，增加场景的真实感。U3D 用于声音的组件以及立体声源设置，如图 6-27 所示。

　　穿越特效是通过粒子系统来实现的，与天气效果设置原理相同，主要通过粒子系统主面板 Particle System 进行参数调整，加上粒子图片，完成穿越特效设置。

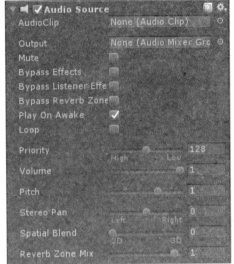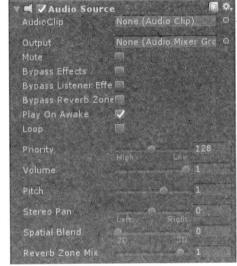

图 6-27　立体声源设置

　　浪花特效通过参数设置，关联开始创建的水环境，加上脚本编写，最终形成如图 6-28 所示的黄色圆圈的物理效果，调整其在游艇上的合适位置，来更改所需产生浪花的位置，通过添加或减少黄色圈的数量调控浪花的大小。浪花最终效果图如图 6-29 所示。

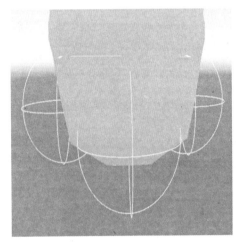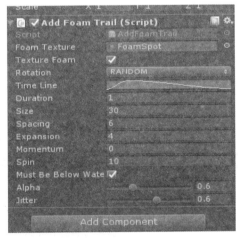

图 6-28　浪花的参数设置

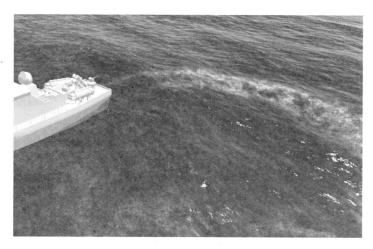

图 6-29　最终的浪花效果图

6.5　基于虚拟仿真模块化的功能脚本的设计与实现

以构建虚拟体验平台为例，该平台的软件开发脚本见表 6-1。

表 6-1　游艇仿真开发脚本

序号	游艇仿真开发步骤
1	游艇软件登录界面，游艇、公司、微山湖的简单介绍
2	场景模式切换（驾驶、漫游、全景）
3	新手引导
4	控制开关所有的门，并以合适的方式开关如滑动、转动
5	控制开关柜子来进行下一步操作，并伴有声音
6	水龙头流水量调整，以及开关，加上水流特效和流水声
7	洗澡淋浴设置，喷水的淋浴特效加声音
8	开关灯，控制场景环境亮度，灯开关转动加声音和高亮
9	电视机的升起与播放，内容是微山湖宣传片
10	落水，水底鱼儿游动加绚烂水底，最后能回到船上或岸上
11	登船，随着游艇一起起伏
12	背景声音、脚本声

续表

序号	游艇仿真开发步骤
13	进入驾驶舱，固定在驾驶座上，游艇驾驶前提
14	雨刷器运动
15	电笛、起锚机
16	搜索灯开关，可以上下左右四方照亮
17	上下驾驶台、发动机开关机、加声音
18	音乐播放器开关、声音调节、歌曲选择
19	磁罗经随船指向方向，视觉拉近
20	航行运动，前进、后退
21	航行运动，转舵
22	惯性停船、倒车停船
23	艏侧推
24	横摇运动、横倾
25	垂荡运动
26	游艇碰撞、停船、平台重置
27	天气选择
28	游艇维护、故障处理、舱室认知、生存技能等功能介绍
29	改写 VR 版本，PC、VR 两版本一起发布

按照平台的脚本功能规划，把平台的功能具体分步来进行开发，按脚本功能规划的每一步骤具体实现游艇虚拟体验平台的开发。游艇虚拟仿真功能开发包含了游艇漫游、虚拟驾驶、人机交互及特效实现等各个功能模块分类。

以脚本为例，举例说明新手引导模块实现。

新手引导功能是在虚拟仿真软件开发中常用的功能，它以字幕形式向用户传送提示信息。其通常进入软件后马上出现在软件界面，在虚拟仿真运动中起引导作用。

新手引导由键盘按下（KEY_DOWN）、UGUI、鼠标点选（MOUSE_PICK）、定时器（TIMER）这四个基础功能组成。进入软件后，通过 UGUI 弹出是否进入新手模式的选项，通过鼠标点选来选择"是"或"否"，进入后，用键盘按下触发对象，如果触发成功，则激活定时器，两秒后自动激活下一个 UGUI 选择，直至介绍完毕，构成完整的新手引导模块的虚拟仿真。

　　游艇的虚拟仿真软件界面中的展示效果如图 6-30 所示。

图 6-30　新手引导模块的字幕提示功能展示

6.6　游艇体验平台的人机交互设计与实现

　　人机交互设计与实现是影响软件用户体验的重要因素，它包含了 2D 界面交互和 3D 立体交互。各种交互方式彼此相连，用户通过设备进行信息输入，然后得到设备对信息作出的反馈，形成错综复杂的交互网络，本节主要阐述菜单交互设计和操作交互设计的实现方式。

本节所述的人机交互分主要包括场景漫游交互、驾驶台交互、介绍交互、引导交互四个方面。

场景漫游交互是指操作者以鼠标键盘等外接设备作为信息输入端，运用逻辑表达，完成信息交互输入端与信息交互输出端的连接，以获得场景给予的反馈，并在计算机显示器输出交互信息，用以反馈用户的操作。在场景中随意漫游进行有选择的交互，就是场景的漫游交互。漫游交互主要有两种形式：一种是全场景漫游，主要通过键盘上 W、A、S、D 按键来模拟人的前进、左移、后退、右移运动；另一种是视线观察，通常用 Q、E 分别代表视线左转、视线右转的操控方式，此过程的交互还包括对门的开关、灯光的开关、水龙头的开关等进行功能操作，进行人机交互。

驾驶台交互采用随机漫游特定位置提醒，当虚拟人移动到某些固定区域后就会触发交互提示。在此交互中主要采用 void OnTriggerEnter()//触发器进入和 void OnTriggerExit()//触发器退出两种触发方式。驾驶模式与漫游模式的切换是按照真实坐上游艇的感觉进行设置的，当人移动到驾驶台处，可以触发提示，由操作者决定是否进入驾驶模式，退出驾驶模式即可进入漫游模式。两种模式的切换交互操作为：按 E 键进入驾驶模式，按 Esc 键退出驾驶模式。进入驾驶台上按钮操作交互，可与发动机、电子海图、主机仪表、雨刷、喷水、探照灯、电笛、音乐播放器等仪器仪表进行交互。

介绍交互是指通过漫游交互，虚拟人物移动到船尾时，弹出传送门解锁穿越钥匙，通过传送门进行飞跃传送到特定介绍房间，通过虚拟屏幕进行对游艇维护、故障处理、舱室认知、生存技能等功能的介绍，形成完整的介绍交互，此交互主要使用鼠标点选// MOUSE_PICK 进行信号输入，然后通过逻辑连接显示输出时空穿越特效与屏幕相关功能介绍。

引导交互指软件运行最开始使用键盘、鼠标等外接设备，操作键盘按下（KEY_DOWN）、鼠标点选（MOUSE_PICK）作为信号输入，通过 UGUI 来弹出判断是否进入新手模式。每个 UI 都有一个独一无二的 ID，父级 ID 列设置了多种子集的层级关系，选择不同输出的子集，即产生不同结果。

6.7　游艇平台界面与平台重置创建

作为一款成熟的游艇软件平台，需要有平台的登录界面来宣传和吸引用户参观浏览，登录界面应该简单明了，方便用户的使用，最好是能使用户对该软件产生使用兴趣。从用户的视觉以及心理感受来说，通过软件界面，让许多登录者感受到比较酷的游艇宣传图片，但这些多余的元素，不能分散用户登录时的注意力，仅仅是对游艇产生兴趣，所以其界面应该主次分明。

本平台登录界面使用炫酷与科幻的游艇照片作为主登录界面，并分别选取公司的宣传片、微山湖盛开的荷花照和游艇的驾驶及内饰照片对山东航宇船业集团股份有限公司、"孔子号"游艇以及微山湖景区进行介绍。

把作为登录背景的背景照片放到 U3D 的文件库 Assets\Resources_Blueprint\Texture\MenuIcon 里面，然后在 U3D 文件夹中找到，设置调节属性，通过 U3D 自带的 UI 功能创建界面，通过 Create-UI-Canvas-Image，创建画布放在合适位置，并设置成随屏幕而变的全屏幕模式，添加 Button（按钮），利用 UI 响应完成游艇平台界面的创建，效果如图 6-31 所示。

图 6-31　虚拟体验平台登录界面

　　游艇发生碰撞损毁或者想要重新开始，与游戏重新开始一样，把场景切换成开始载入的状态（即人物与游艇都回到起点，场景回到初始状态），重新进入游艇虚拟体验平台界面，该平台需要利用 RESTART_LEVEL 或者重新加载当前场景这个响应，加上穿越特效构成完整的场景重置响应。

　　RESTART_LEVEL 或者重新加载当前场景的初始化说明：

　　第一种：bool 类型，初始值填 false，代表不激活重新加载当前场景，true 代表激活重新加载当前场景。

　　第二种：int 类型，初始值填 0，代表不激活重新加载当前场景，非 0 代表激活重新加载当前场景。

　　详细的状态编写过程见表 6-2。

表 6-2　重新加载场景的状态表编写

状态 ID_2	状态数据 类型_3	状态初 始值_4	逻辑 表达式_5	状态 表达式_6	响应函数类型_7
#触发	重新开始按钮		重置场景.特效,重置场景.重置		
#触发	时间特效间隔		重置场景.特效,重置场景.重置		
#响应	重新开始	bool	false		
#响应	传送门特效	bool	false		
#响应	传送门特效 1	bool	false		
#响应	传送门特效 2	bool	false		
#响应	传送门特效 3	bool	false		
#响应	穿越定时器	bool	false		
#响应	传送门升起	bool	false		
#响应	传送门升起 1	bool	false		

续表

状态 ID_2	状态数据类型_3	状态初始值_4	逻辑表达式_5	状态表达式_6	响应函数类型_7
特效	bool	false	激活触发=="重置场景.重新开始按钮"	取反（this）	重置场景.传送门特效>true，重置场景.传送门特效 1>true，重置场景.传送门特效 2>true，重置场景.传送门特效 3>true，重置场景.传送门升起>true，重置场景.穿越定时器>true，重置场景.传送门升起 1>true
重置	bool	false	激活触发=="重置场景.时间特效间隔"	取反（this）	重置场景.传送门特效>false，重置场景.传送门特效 1>false，重置场景.传送门特效 2>false，重置场景.传送门特效 3>false，重置场景.传送门升起>false，重置场景.重新开始>true，重置场景.穿越定时器>false

最终在 U3D 中显示的效果如图 6-32 所示。

图 6-32　场景重置最终效果图

6.8　游艇的漫游体验开发

　　游艇虚拟漫游体验就是现实的场景虚拟化，用户可以在虚拟化的场景进行移动和交换，并且可以在虚拟空间中的任意位置、任意角度进行观察。虚拟化的场景集视觉、听觉、触觉于一体，使用户进行漫游操作时会有身在其中的感觉。基于这种漫游特性原理，针对游艇虚拟体验平台的漫游体验开发流程架构如图 6-33 所示。

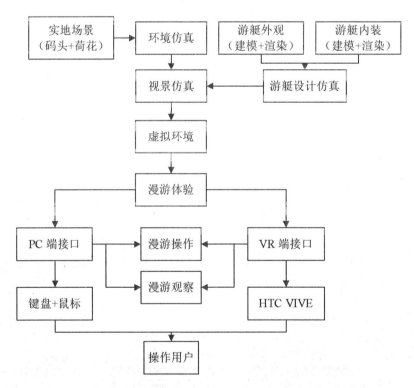

图 6-33　漫游体验整体开发流程架构图

　　漫游系统需要实现的功能有：

　　3D 虚拟场景的建立：基于收集到的真实数据，利用 3D 建模软件进行模型的建立，并做材质处理与烘焙，达到美观的效果。

（1）第一人称控制：游艇虚拟体验平台 PC 端，用户可以通过键盘和鼠标来控制场景中的虚拟人物，按照用户想法进行自由移动与旋转。

（2）碰撞检测功能：虚拟人物、游艇、码头均按照真实人体、船体、码头的大小比例进行调整创建，对所有物体添加碰撞体来进行碰撞干涉，使人物、游艇、码头、荷花等物体之间不会互相穿越，让虚拟场景更加真实。

（3）人机交互功能：在初始时要具有新手漫游引导功能，指引用户如何操作。

对于第一人称控制的实现，U3D 开发环境为开发者提供了较为开放的开发接口，使漫游功能可以较为便捷地实现，同时又经过表格编译器转化，使编程更为便捷。

U3D 为用户提供了键盘和鼠标输入触发为：

Input.GetKeyDown（KeyCode.A）：获取键盘的某个键的按下，参数 A 为定义的某个键盘符号。

Input.GetKeyUp（KeyCode.A）：获取键盘的某个键的抬起。

Input.GetAxis：获取轴向。

Input.GetMouseButtonDown（0）：获取鼠标按下，参数为 0、1、2 分别代表鼠标左键、鼠标右键和鼠标中键。

Input.GetMouseButtonUp（0）：获取鼠标抬起。

漫游体验主要分为两个部分：漫游操作和漫游观察，主要通过键盘、鼠标等外接设备操控完成。漫游观察交互设计主要有两种表现形式：一种是全场景漫游，主要通过键盘按键 W、A、S、D 等来模拟人的前进、左移、后退、右移等运动，见表 6-3，在 VR 模式下通过手柄圆盘的上（up）、下（down）、左（left）、右（right）来模拟人的前进、左移、后退、右移等运动，但它实现左转、右转、跳跃的功能时，只需要带上头盔，正常地左转、右转、跳跃等，就能在虚拟场景中实现其功能，见表 6-4；另一种是焦点观察，通常用于针对某一物体的近距离观察，对场景的操控方式见表 6-5，在 VR 模式下，只要带上头盔就与正常情况下观看远近物体的观察方法一样，通过控制人靠近物体的距离来控制视野的扩大与缩小。

表 6-3　全景漫游模式下键盘对场景的操控方式

按键	W	S	A	D	Q	E	空格
功能	前进	后退	左移	右移	左转	右转	跳跃

表 6-4　VR 的漫游模式下手柄对场景的操控

按键	Up	Down	Left	Right
功能	前进	后退	左移	右移

表 6-5　焦点观察模式下鼠标对场景的控制方式

按键	中键按下	滚轮向前	滚轮向后
功能	场景旋转	扩大视野	缩小视野

在 U3D 中创建 C#脚本控制移动和旋转的部分主要代码为：

```
using UnityEngine;
using System.Collections;
using Blueprint.framework.api;
using Blueprint.framework.impl;
namespace Blueprint.extension.Factory
{
    public class Blue_Action_SceneWandering : BlueActionBehaviour
    {
        public float rate = 0.01f;
        private bool _switch = false;
        //移动速度
        private BlueFloat _moveSpeed = new BlueFloat();
        //快速移动速度
        private BlueFloat _fastMoveSpeed = new BlueFloat();
        //上下旋转速度
        private BlueFloat _upDownSpeed = new BlueFloat();
        //跳起速度
```

```csharp
        private float _jumpSpeed =5.0f;
        //重力值
        private float _gravaty = 40.0f;
        //子相机物体
        private Transform _childTrans = null;
        //角色控制器
        CharacterController _charactor = null;
        //移动方向
        private Vector3 moveDirection = Vector3.zero;
        //是否开启旋转
        private bool _enableRotate = true;
        //快速移动测试
        private bool _isFastMode = false;
        private bool _startRecording = false;
        private float _douleClickTime = 0.2f;
        private float _cancelTime = 1f;
        private float _timeRecorder = 0f;
        private enum Key { W,S,A,D,None };
        private Key _currentKey = Key.None;
        private bool _wKeyDown = false;
        private bool _sKeyDown = false;
        private bool _aKeyDown = false;
        private bool _dKeyDown = false;
        private SceneWanderingRotate _rotateIns1 = null;
        private SceneWanderingRotate _rotateIns2 = null;
        public Blue_Action_SceneWandering ()
        {
            AddType(typeof(bool));
            AddType(typeof(int));
        }
        void OnDestroy ()
        {
            if (_rotateIns1 != null)
            {
```

```
                Component.Destroy(_rotateIns1);
                _rotateIns1 = null;
            }
        if (_rotateIns2 != null)
            {
                Component.Destroy(_rotateIns2);
                _rotateIns2 = null;
            }
        }
    public override void Init (StateVariable state_variable)
        {
            if (StateVar.ExpType == typeof(bool))
            {
                _switch = (bool)StateVar.GetValue();
            }
            else if (StateVar.ExpType == typeof(int))
            {
                int value = (int)StateVar.GetValue();
                if (value == 0)
                {
                    _switch = false;
                }
                else
                {
                    _switch = true;
                }
            }
        }
```

对用 C#语言建立的脚本进行封装，将其以表格的形式进行驱动，表格分为漫游触发表、漫游状态表与漫游响应表。在 U3D 中通过建立"小人"控制器，为其添加 Character Controller 组件，通过键盘 W、S、A、D 实现前、后、左、右移动，空格键跳跃，键盘 Q、E 实现视角左转或右转，用户可以自由操作键盘、鼠标进行漫游；同时用 HTC VIVE 的操作手柄进行开发转换成 VR 形式，通过使用操控手柄圆盘的 up、down、left、right 来控制前、后、左、右移动，头戴式眼镜控制方向。以手柄 HTC 圆盘按钮为触发，以相对坐标转世界坐标以及角色控制器为响应，通过状态表进行连接，实现 VR 端接口的转化，如表 6-6 触发表、表 6-7 响应表和表 6-8 状态表所列实现 VR 漫游功能运行过程，编程语言以文本的形式表现，将参数变化以固定格式的参数类型进行转化，后台通过驱动表格将脚本加载在指定对象上，运行对应的 C#脚本语言来实现逻辑运行的功能，其余脚本功能如开关门、开关灯、淋浴等脚本所述功能皆是如此。

表 6-6　漫游触发表

触发 ID	触发类型	触发参数
向上移动	HTC 按钮持续按下	[CameraRig].Controller_left,[CameraRig].Controller_right,up
向下移动	HTC 按钮持续按下	[CameraRig].Controller_left,[CameraRig].Controller_right,down
向左移动	HTC 按钮持续按下	[CameraRig].Controller_left,[CameraRig].Controller_right,left
向右移动	HTC 按钮持续按下	[CameraRig].Controller_left,[CameraRig].Controller_right,right

表 6-7　漫游响应表

响应 ID	响应类型	响应参数
人物前进	相对坐标方向转世界坐标方向	Camera_eye,(0,0,2),*angle
人物后退	相对坐标方向转世界坐标方向	Camera_eye,(0,0,-2),*angle
人物左移动	相对坐标方向转世界坐标方向	Camera_eye,(-2,0,0),*angle
人物右移动	相对坐标方向转世界坐标方向	Camera_eye,(2,0,0),*angle
运动	角色控制器简单移动	[CameraRig],*angle,世界,true

表 6-8　漫游状态表

对象ID_1	状态ID_2	状态数据类型_3	状态初始值_4	逻辑表达式_5	状态表达式_6	响应函数类型_7
漫游运动	#触发	向上运动				
				漫游运动.人物移动		
	#触发	向下运动		漫游运动.人物移动		
	#触发	向左运动		漫游运动.人物移动		
	#触发	向右运动		漫游运动.人物移动		
	#响应	人物前进	bool	false		
	#响应	人物后退	bool	false		
	#响应	人物左移动	bool	false		
	#响应	人物右移动	bool	false		
	#响应	运动	bool	false		
人物移动	bool	false	激活触发==	漫游运动.向上运动	NOTBOOL(this)	漫游运动.人物前进>true，漫游运动.运动>true
	bool	false	激活触发==	漫游运动.向下运动	NOTBOOL(this)	漫游运动.人物后退>true，漫游运动.运动>true
	bool	false	激活触发==	漫游运动.向左运动	NOTBOOL(this)	漫游运动.人物左移动>true，漫游运动.运动>true
	bool	false	激活触发==	漫游运动.向右运动	NOTBOOL(this)	漫游运动.人物右移动>true，漫游运动.运动>true

碰撞检测功能的实现，是给可能发生碰撞的物体对象添加合适的碰撞组件，并提供以下方法进行实现：

碰撞器方法：

void OnCollisionEnter()　　//碰撞器进入

```
void OnCollisionExit()        //碰撞器退出

void OnCollisionStay()        //碰撞器停留

触发器方法：

void OnTriggerEnter()         //触发器进入

void OnTriggerExit()          //触发器退出

void OnTriggerStay()          //触发器停留
```

漫游操控时通过碰撞检测，使漫游角色在场景和游艇舱室内漫游时，进行碰撞交互，并导出信号作为触发条件进行交互，如漫游角色与甲板之间的碰撞，漫游角色与舱室板之间的碰撞，漫游角色与舱室内装的碰撞，漫游角色与门、灯开关以及水龙头之间的碰撞。

6.9　游艇相关功能介绍的构建

游艇的相关功能介绍主要包括以下五个方面：生存技能、游艇维护、故障处理、舱室认知以及游艇公司宣传。

首先需要构建介绍室，利用 Unity 本身自带的功能，通过 Create-3D Object-Cube 创建 3D 模型方块，通过调节 position，调节它的(x,y,z)3D 空间位置，修改合适的 rotation 数值，调整它的 3D 角度(x,y,z)的位置，改变 scale 的(x,y,z)三个方向的比例，使其成为正常的墙体，创建六个合适的墙体组成一个游艇的介绍室，并通过调节各个墙体材质 Materials，使其变成黑色不透明的墙体，然后通过 UI 的 Text、Image、Button 等功能创建画布，这个画布即相当于宣传屏幕，即构建了一个虚拟电影院的场景，进行宣传介绍时给人一种看 3D 立体电影的感觉。我们进行功能介绍主要通过这个屏幕进行，最终构成的宣传屏幕效果如图 6-34 所示。

生存技能功能介绍的是我们遇到突发情况时，船舶的遇险报警方式、船舶遇险生存方法以及救生衣的正确穿戴方法及图示。

游艇维护功能主要分为游艇的日常检查、游艇的日常保养、游艇的使用注意三个方面。

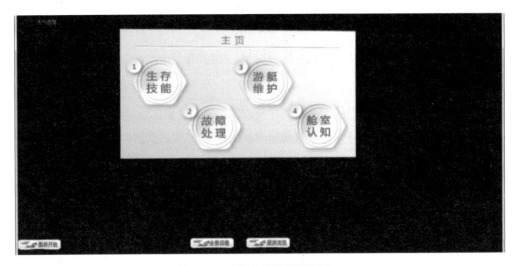

图 6-34   最终宣传屏幕效果图

故障处理功能的介绍主要分为：游艇电路系统停止工作如何处理、发动机过热如何处理、游艇蓄电池电解液泄漏如何处理、游艇发动机冒黑烟如何处理。这些简单但是需要应急处理的故障问题，是保证游艇正常运行的必要手段。

舱室认知功能的介绍是把整个游艇的外观及布局进行介绍，主要分为：飞桥驾驶台、飞桥沙发、飞桥日光浴床、客厅、尾部沙龙、驾驶台、日光浴垫、机舱、副卧室、空舱、主卧室、艏尖舱、楼梯等游艇结构及其位置。

图 6-35 是各个功能介绍的具体效果图。

进行功能介绍时，首先需要进入游艇介绍室，该室是用户在游艇自由漫游体验时，走到特殊位置才能显现并触发的功能，当用户没有到达该特殊位置时则不会显示与触发，这样既不影响用户的漫游效果，又可满足用户到介绍室进行功能介绍。通过 MOUSE_ENTER 或者鼠标进入触发，当移动鼠标进入传送门钥匙区，用 MOUSE_PICK | 鼠标点选触发来点选传送门上的钥匙，TIMER 或者定时器计时三秒后，SET_ACTIVE | 设置激活响应使钥匙变绿，然后 SET_POSITION 或者设置位置之间进行"小人"位置的设置，把"小人"传送到游艇介绍室，进行相关功能的介绍，运用 UGUI、UGUI_COMBINATION 或者 UGUI 组合、SET_ACTIVE | 设置激活这三个响应共同完成游艇的功能介绍。

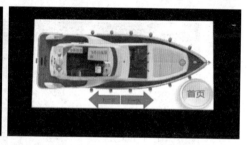

图 6-35　各功能介绍的具体效果图

传送门形成效果如图 6-36 所示。

图 6-36　不同位置是否出现传送门的对比

观看功能介绍完毕后，通过漫游向前运动，触发环形介绍屏幕，进行游艇公司的相关介绍，使用户对游艇公司有所了解。屏幕周围加上环绕的星空粒子特效，给人一种科幻的体验，如图 6-37 所示。用户可以选择是否观看，若不想观看可以选择继续向前移动，则会直接穿越回初始的游艇漫游位置，即可恢复正常的漫游体验，使用者可以继续进行随意的、自由的漫游体验。

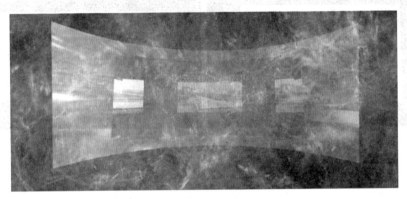

图 6-37 山东航宇集团宣传画面

6.10 游艇驾驶体验开发

6.10.1 游艇驾驶操作虚拟设备开发

游艇从启动到航行，需要各种设备操控和仪器操控共同作用实现，主要受以下设备的控制：主机仪表（用于开机）、电子海图（用于调用海域信息）、GPS 导航仪（用于导航）、雷达（用于定位）、磁罗经（用于指示方向）、舵机（改变航向）、舵轮（调整航向）、车钟（用于改变螺旋桨）、车舵指示仪表（指示舵轮）、锚（用于停船定位）、锚绳（链接锚）、起锚机（用于抛锚、起锚）、艏侧推（用于停船或离港）、高频电话（VHF）（用于电话沟通）、雨刷喷水设备（用于清扫驾驶室玻璃）等。

下面针对驾驶台上主要设备操控进行论述。

1. 艏侧推在操作中的作用及模拟

艏侧推是用于控制游艇的侧推器。侧推器产生微小的推力，就可以操纵游艇进行掉头、转弯等运动，用于控制游艇靠离码头、狭窄水道中航行，或者调头时使用。

用 ROTATE 或者自转响应调用函数 Transform 的自转运动，来控制船体的自转。给定自转一个恒定的微小速度，船体即绕纵剖面中心顺时针或逆时针旋转。使用 KEY_DOWN 或者键盘按下触发定义键盘按键，按下不同键盘按键时，触发不同方向的自转响应，就能控制船体左转或右转。

2. 舵轮在游艇驾驶操纵中的作用及模拟

操舵系统是游艇中控制游艇航行的重要系统。操舵系统主要由舵轮、传感器、舵叶、舵机等部分组成，通过驾驶者操作舵轮，形成转动信号传递给舵叶，舵叶通过水流对舵产生作用力，进而使游艇保持或改变航向。

在虚拟游艇体验平台中，把舵轮自转角度与游艇运动数学模型进行关联，构造响应型数学逻辑模型，以控制游艇的航向。

3. 操车手柄在游艇驾驶操纵中的作用及模拟

通过操车手柄控制和改变螺旋桨的转速与旋转，进而使螺旋桨旋转产生向前、后方向的推力，使游艇能够进行前后运动。

把操作手柄的旋转角度与航行速度关联起来，旋转角度越大，代表螺旋桨转速越大，可以产生更大的推进力，使游艇运动的速度越快，如图 6-38 所示为操车手柄。

图 6-38　操车手柄初始与前进的效果图

6.10.2 游艇驾驶虚拟仪表开发

游艇驾驶台上有许多物理仪表来指示游艇各部分的工作状态。仪表上有各种按钮、旋钮用来进行仪表操控，内部含有微处理器、储存器、总线、数模转化器等，把游艇各部分的信号通过内部处理器转化后显示输出。本书的"孔子号"游艇主要有以下仪表：左右主机转速表、油温表、油压表、俯仰角表、电压表、污水位表、淡水位表、油位表、污油位表等。

仪表的虚拟仿真技术就是将计算机虚拟仿真技术和仪表仪器技术结合在一起开发出用于游艇的虚拟仿真软件上的虚拟仪器、仪表。游艇虚拟驾驶台上用虚拟仪表代替真实的物理仪表，真实模拟游艇航行时仪表的工作状态。

本游艇驾驶虚拟仪表在基于游艇真实物理模型建立基础上对相应的仪器进行建模，在 U3D 中将游艇驾驶操纵过程中随操纵以及船体运动状态进行数据处理，并与虚拟仪表相连，变化过程通过虚拟仪表显示出来。

选取以下仪表为例，进行虚拟仪表开发：

主机转速表模拟：以主机启动作为模拟信号输入，代表主机转速表启动，表针旋转到一个初始位置，并改变仪表的材质，将其设置为荧光绿，给人提示，随着操车手柄的操作，U3D 后台通过函数脚本进行数学模型的分析表达，转速与航速提升，如图 6-39 所示。

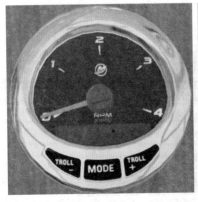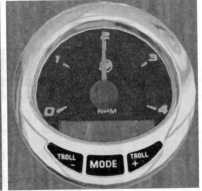

图 6-39　主机转速表初始与启动后效果对比

油位表与污油位表模拟：同样以主机启动作为模拟信号输入，表盘材质发生变化，仪表指针转动，提示该仪表开始工作，主机关闭后仪表材质还原，指针归零，随着主机运行时间的增加，油位表下降，而与之相对的污油位表指针上升，如图 6-40 所示。

图 6-40　污油位表初始与使用后效果对比

磁罗经模拟：游艇上的磁罗经主要功能是实时进行经纬度指向，指明游艇现在正处的方位，磁罗经可以把游艇的实时方位显示给使用者。在 C#中通过 Update 函数调用语句 this.transform.localEulerAngles.z 获取船体角度，并进行计算得出船体的方位变化，把获取的方位变化值通过虚拟的磁罗经模型模拟出来。同时在游艇虚拟体验平台中，磁罗经实时显示游艇前进时航行方位变化、后退操反舵时航向变化、前进状态下的减速至后退时的方位变化、后退状态下的减速至前进时的方位变化等情况。磁罗经的物理效果如图 6-41 所示。

图 6-41　磁罗经物理效果图

舵角指示器模拟：主要用于模拟航行改变时，舵叶的转动角度变化情况。忽略误差，舵角指示器的转动角度就是舵叶的实际转动角度，通过 GET_ANGLE 函数获取角度，通过 SET_ANGLE 函数设置角度值。图 6-42 为指示器模型效果。

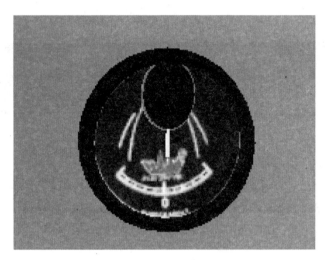

图 6-42　舵角指示器

6.10.3　游艇驾驶运动模拟开发

游艇驾驶运动模拟是以船舶运动数学模型为基础，构造了游艇六自由度运动方程，对游艇的运动特征构造相应的数学模型。在游艇虚拟体验平台中，通过外接设备（键盘鼠标或 HTC 操作手柄）控制游艇虚拟运动，通过按键或 HTC 手柄进行游艇的虚拟驾驶操作，实现对真实的驾驶流程与驾驶效果的模拟。通过外接设备，虚拟驾驶游艇触发的函数主要有：KEY_DOWN 或键盘按下、KEY_UP 或键盘抬起、KEY_BUTTON 或键盘持续，键盘的具体触发对应函数参数可由用户自由定义，通过语句 KeyCode.变量任意定义键盘上的按键；VR 模式下进行游艇的虚拟驾驶则主要通过 HTC VIVE 手柄触发函数：HTC_BUTTON 或者 HTC 按钮持续按下、HTC_BUTTON_DOWN 或者 HTC 按钮按下、HTC_BUTTON_UP 或者 HTC 按钮抬起、HTC_HANDLES_TRIGGER_CLICK 或者 HTC 手柄点选。

　　具体触发参数如图 6-43 所示。通过以上外接设备的触发函数调用对应的数学模型响应，构建对游艇运动数学模型的模拟与表达，从而模拟游艇的驾驶操作。

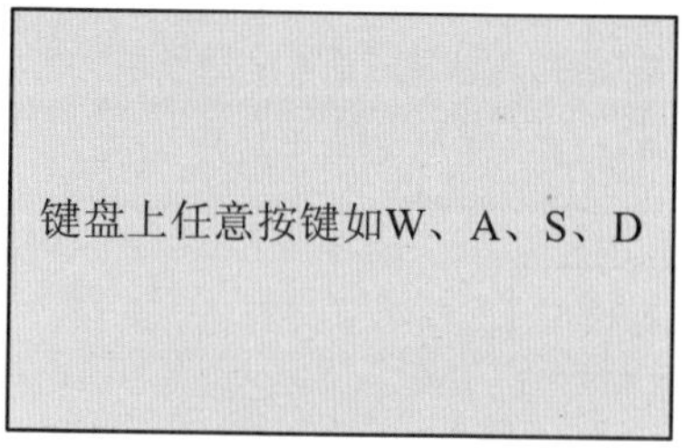

扳机键 trigger

菜单键applicationmenu

握钮键 grip

触摸板 touchpad

系统键 System

上 up

下 down

左 left

右 rihgt

键盘上任意按键如W、A、S、D

PC端键盘触发按键

VR端HTC手柄触发参数

图 6-43　PC 版与 VR 版的触发参数对比

　　游艇航行过程的模拟主要是对直线航行下的模拟，分为前进（后退）加速行驶、前进（后退）定速行驶、前进（后退）减速行驶、游艇关机或停车惯性停船等直线运动模拟，按照真实游艇驾驶操纵时，操作操车手柄对应的速度变化，建立数学模型模拟游艇对应状态下的直线运动状态。在这个过程中通过驾驶台操车手柄操作模拟游艇速度变化，模拟发动机产生的推力与外界阻力作用下的速度变化，包括游艇加速（Acceleration）模拟、减速（Deceleration）模拟、匀速（Uniform）模拟等。

　　根据实际航速与给定航速之间的数学关系，通过外接 C#编写脚本构建数学逻辑模型的函数响应。设定舵角进车与倒车的车钟角度位移区间为[-60,60]，船体速度（m/s）变化区间为[-15,15]，对比真实航速与车钟角度对两区间进行近似拟合，使得模拟驾驶达到真实航速。

　　按照实际转速与给定转速之间的数学关系创建相应的数学响应模型，使用

FlOAT_ADD|浮点数加法与 FLOAT_MULTIPLY|浮点数乘法来构造数学系数模型，应用浮点数触发，完成模型建立，最后使用 FLOAT_MULTIPLY|浮点数乘法，把系数模型赋予游艇模拟下航速，这样即可使实时模拟状态下的模拟转速与真实转速相同。通过运动关联状态索引，将操车手柄及主机上相关仪表状态与游艇模拟的运动状态进行匹配，并将主机的模拟参数通过相关仪表显示出来，如电压表、电流表、水温表等。

图 6-44 是游艇直线航行时的开发流程图。

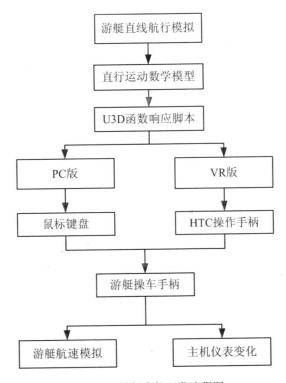

图 6-44　游艇直航开发流程图

回转运动模拟是指游艇在直航过程中通过操控舵轮带动舵叶发生偏转进而使游艇改变航向。根据回转运动时主机转速变化与游艇回转时的实际航速与给定航速之间的数学关系，建立相应的回转降速响应型模型。使用 FlOAT_ADD|浮点数加法与 FLOAT_MULTIPLY|浮点数乘法构造数学系数模型，应用浮点数触发完成

模型建立。最后使用 FLOAT_MULTIPLY|浮点数乘法将系数模型乘以给定航速，关联航速与舵轮转动速率，完成回转速降响应关系模型。游艇回转时，船体会在原定航速的惯性作用下，获得保持原状态的外倾力矩。横倾力矩的大小与改变航向前的速度大小有关，由于船体自身稳性作用，船体在回转时，会做几次不规则往复运动，最终形成稳定的横倾角 Φ_R。

图 6-45 是游艇回转运动时的开发流程图。

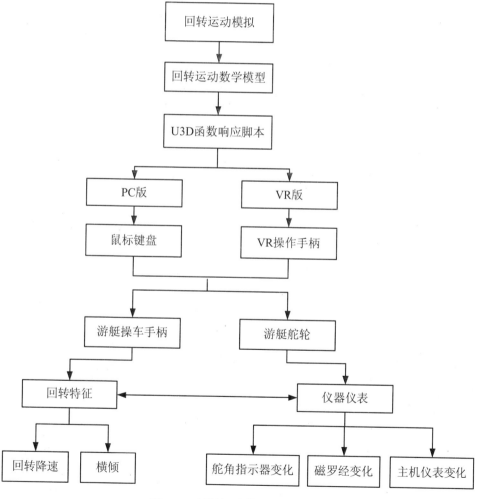

图 6-45　回转运动模拟开发流程图

横摇与垂荡运动的模拟主要是因为游艇受水域规则波的影响，表现为相应力学条件下的横摇运动方程 $\Delta h X_\varphi \alpha_0 \sin\mu \sin\omega_\varepsilon t$ 与垂荡运动方程 $F_{zc}\cos\omega_\varepsilon t + F_{zs}\sin\omega_\varepsilon t$。虚拟游艇的横摇与垂荡要符合规则波的变化规律，根据构建的水环境模型提取对应规则波的特征参数，将规则波下的波浪特征应用于游艇随波的运动变化。

游艇的复杂运动可以分解成旋转和平移运动，游艇通过旋转与平移完成运动的仿真。船体的横摇是在波浪影响下绕 X 轴的旋转变换，船体的垂荡是在波浪影响下沿 YOZ 面的上下变换。由计算机图形学的矩阵变化可得

$$\text{绕 X 轴的旋转变化矩阵为 } \boldsymbol{R}_\mathrm{x} = \begin{bmatrix} 1 & 0 & 0 & 0 \\ 0 & \cos\theta & -\sin\theta & 0 \\ 0 & \sin\theta & \cos\theta & 0 \\ 0 & 0 & 0 & 1 \end{bmatrix}$$

$$\text{在与 YOZ 平面内的平移变化矩阵为 } \boldsymbol{T} = \begin{bmatrix} 1 & 0 & 0 & 0 \\ 0 & 1 & 0 & y \\ 0 & 0 & 1 & z \\ 0 & 0 & 0 & 1 \end{bmatrix}$$

6.11 游艇虚拟体验平台的发布

当虚拟游艇体验平台的功能全部开发完成后，需要对平台进行发布，脱离 U3D 开发引擎，使其在任意电脑上都能运行。

首先通过 U3D 工具栏上的 Tools-@软件发布管理-01 软件 ID 管理功能，进行 ID 创建与管理，并选择是否启用加密模式，如图 6-46 所示。

ID 创立后，进行平台的发布，通过工具栏 File-Build Settings 进入发布界面，如图 6-47 所示，我们可以选择不同的发布模式，如 PC、IOS、Android 等不同的运行版本，即可完全地完成游艇虚拟体验平台的发布，并能脱离 U3D 开发引擎独立运行。

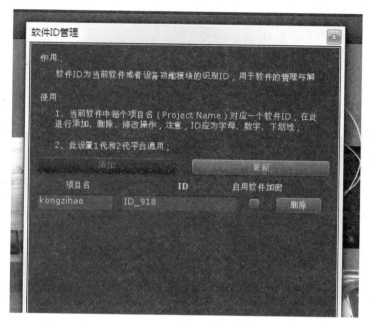

图 6-46　软件 ID 管理界面

图 6-47　U3D 软件发布界面

6.12 本章小结

本章首先对游艇及实景码头分别进行建模渲染，通过 U3D 创建天空和海洋模型，通过粒子系统设计天气环境、场景特效及游艇尾浪效果，实现虚拟视景环境的构建。根据游艇所要实现的功能编写功能脚本，并根据脚本完成人机交互功能。在建立视景的基础上，设计平台的初始界面及平台重置功能；并且设计完成游艇的相关功能介绍（如游艇维护、故障处理、舱室认知、游艇公司的宣传等），通过运用 C#语言开发实现功能函数文本编译，通过驱动文本表格对应的功能函数完成漫游体检开发和驾驶操纵功能开发。游艇虚拟体验平台开发完成后，进行平台的发布，脱离开发引擎独立运行。

第7章 平台的教学应用与用户行为数据获取分析

本章主要阐述利用山东交通学院的虚拟仿真实验室,整合虚拟体验平台和理论教学资源,形成云课堂教学,实现传统课堂上单一理论教学模式向"理虚实"信息化教学新模式的转变。利用互联通信技术实现了云课堂和虚拟体验平台的数据传输,使用者可以通过浏览器页面端口打开安装在 PC 上的虚拟仿真软件,并实现云课堂和虚拟体验平台的信息互通。图 7-1 为虚拟体验平台教学系统的整体设计思路与应用领域。

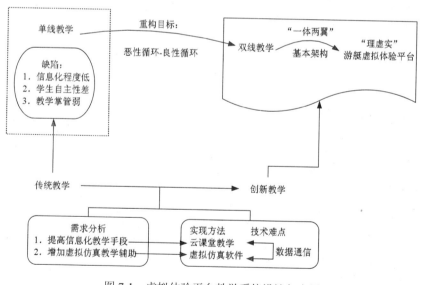

图 7-1 虚拟体验平台教学系统设计与应用

7.1 网页设计与制作

网页的设计使用 Frontpage 网页设计软件。Frontpage 支持所见即所得功能,它的视窗分为三种：普通、HTML、预览。在普通视窗方式下，我们可以像使用Word 一样直接向页面内的任意位置添加文字、图形、图像、声音、影片等对象，可以任意设定它们的大小、格式、动态效果，可以任意设定超级链接，还可以添加各种 Java 程序或者 ActiveX 控件，以实现特殊的显示效果。在预览视窗方式下，我们可以实际观看网页的浏览效果，检查链接文件。如果 Frontpage 还不能提供满意的效果，我们可以通过 HTML 视窗方式直接添加 HTML 命令或自行编写 Java程序[108]。

网页整体风格的设计简洁、明了，根据系统各部分的结构不同，设计风格有所差异。本系统分为主页、零件库、虚拟装配、装配动画、零件图和装配图六个部分。

本系统的界面设计力求美观、大方，突出特点。横幅用 Photoshop 将山东大学校徽和体现球阀装配的图片以及精心设计的文字有机地结合起来，极具特色。背景采用与横幅相协调的浅色调作为背景色，使整体和谐统一。

主页的颜色采用浅蓝色系，如图 7-2 所示。

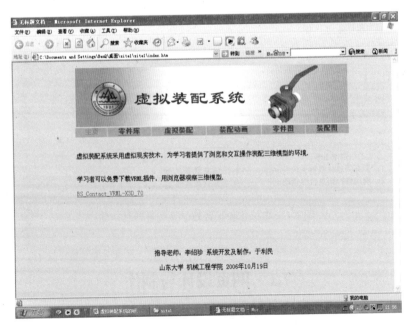

图 7-2　系统的主页

零件库的界面采用与主页一致的浅蓝色系,为了能够快速地选择所浏览的 3D 零件,将 3D 零件的图片依次排列在左边。用鼠标单击左边的 3D 零件图片,使用图片超链接,采用新窗口方式将 3D 虚拟模型在网页中间展现出来。拖动鼠标来浏览 3D 模型的各个角度,使用鼠标滚轮放大或缩小,如图 7-3 所示。

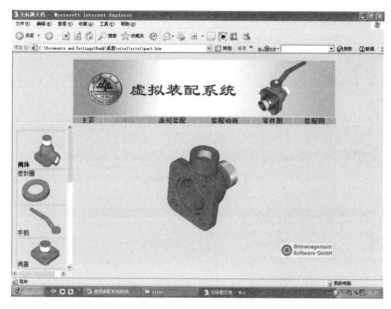

图 7-3　零件库界面

虚拟装配的界面也采用与主页一致的浅蓝色系。从美观实用、交互性强的角度考虑,整个界面使用框架结构分为两个部分。左面是说明虚拟装配的操作方法和注意事项的说明界面;右面是虚拟装配的界面。本设计清晰、明了、简单,操作方便,如图 7-4 所示。

为了使学生能主动思考,反复对比,熟练掌握安装与拆卸的顺序,本系统设计为可反复安装与拆卸的虚拟装配。但安装过程必须全部完成后,才能拆卸;拆卸也必须全部完成后,方能进入下一轮安装。

装配动画的界面采用淡红色系。本系统设计为以播放动画的方式进行,从该动画装配中,可了解装配体的安装和工作原理,也可体会到虚拟装配与装配动画的本质区别,如图 7-5 所示。

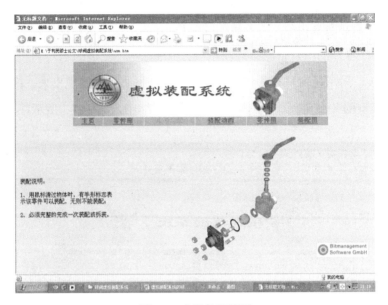

图 7-4　虚拟装配界面

图 7-5　装配动画的界面

　　零件图的界面采用白色系。为了能够快速地选择所浏览的各个零件图，将 3D 零件的图片依次排列在左边。用鼠标单击左边的 3D 零件图片，使用图片超链接，采用新窗口方式将对应的零件图在网页中间展现出来。用鼠标拖动右面的滚动条浏览，如图 7-6 所示。

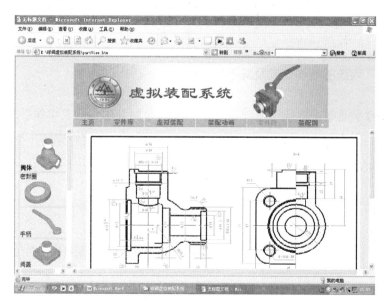

图 7-6　零件图的界面

装配图的界面也采用白色系，用鼠标拖动右面的滚动条浏览，如图 7-7 所示。

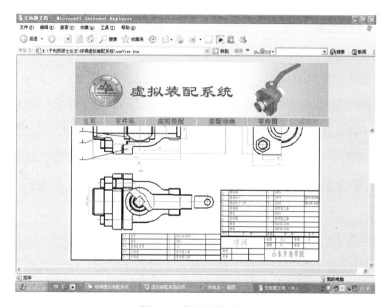

图 7-7　装配图的界面

7.2 虚拟体验平台教学系统设计的总体方案

7.2.1 传统的教学模式及其不足

传统教学通常采取线下"理论教学＋现场参观教学"的"单线"教学模式。由教师统一安排完成课堂理论教学后，集中组织学生去制造或设计公司进行一段时间的参观实习，学生在参观完成之后上交实习报告，图 7-8 为传统游艇教学模式。

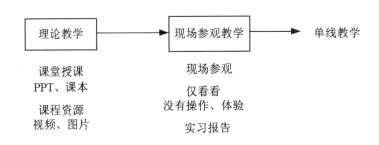

图 7-8　传统游艇教学模式

这种模式存在一定的缺陷，主要表现为以下几个方面：

1. 信息化教学缺乏

老师与学生的交流少，并且仅限于课堂上的讨论或者是课后作业上交；老师上课用的 PPT 是仅有的电子课程资料，而且学生需要该 PPT 也只能通过课后 U 盘复制或者邮件收取等网络传输方式获取，这种方式效果比较差，对学生来说浪费学习与休息的时间，对老师来说会产生更大的工作负担，效率低下，影响学习及教学质量。

2. 学生自主性差

现在部分学生的学习积极性不高，从高中升入大学后，受应试教育的影响往往缺乏自主性，不能自主地完成课前科目预习和课后作业及知识巩固，已经习惯了被老师催着、管着学习，对这种自主学习的环境不适应。另外，受教学设施等客观条件的限制，学生从课堂获取资源的条件有限，仅仅是一些图片和理论知识，自主学习难度较高。

3. 教学监管力度低

大学的课程与高中完全不一样，往往采取大班教学，一个课堂一百多人，老师既要教学又要管理几百个学生，难度很大。除正常上课外，学生见到老师的机会较少，老师也没有时间和精力去检查每个学生的学习状态。

由于上述问题，游艇游轮工程、船舶与海洋工程等工科专业相关教学方式难以激发学生的上课热情与学习兴趣，进而使教学效果下降，形成恶性循环。所以我们需要重构新教学系统的教学方式，如图 7-9 所示。

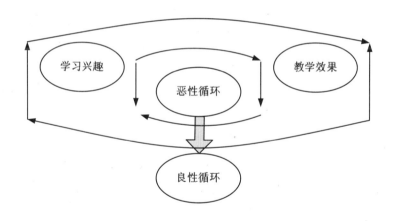

图 7-9　新教学系统重构目标

7.2.2　"理虚实" 教学方式设计

为了实现新教学方式重构，针对传统教学的弊端，提出了"线上教学+线下教学"的"双线"教学模式。线下教学继续采用"理论教学＋现场教学"模式；重点调整现场教学，虚拟仿真体验后，找到不懂的问题，具体去现场找答案，有针对性地解决问题；线上教学以山东交通学院虚拟仿真实验室为基础，配合虚拟体验平台来进行虚拟仿真授课，如图 7-10 所示。

```
线下 ──→ ┌─────────┐        ┌──────────────┐
         │ 理论教学 │───┬───→│ 现场参观教学  │──────────→
         └─────────┘   │    └──────────────┘
              │     ┌────────┐      │
              │     │ 虚拟仿真│      │     双线教学
              │     └────────┘      │
              │         ↑           │
线上 ──→ ─────┴───→┌────────┐       │──────────→
                  │ 云课堂  │───────┘
                  └────────┘
```

图 7-10　改进后的游艇教学模式

　　船舶与海洋工程专业的"双线"教学模式在传统的理论教学（理）和现场观察教学（实）的基础上，融入了虚拟教学（虚）的信息化手段。最终形成船舶与海洋工程专业的"理虚实"相结合新教学模式，如图 7-11 所示。

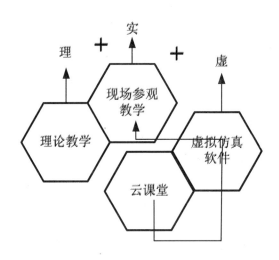

图 7-11　"理虚实"相结合的教学模式

7.2.3　两种教学模式对比

　　"理虚实"相结合的教学模式中使用的云课堂和虚拟体验平台，是传统教学中所没有的，发挥山东交通学院虚拟仿真实验室信息化优势，将传统理论教学课堂中的线下资源，集中放置到相关网络平台上，形成网络教学资源。以虚拟仿真实验室的云课堂模式为载体，把平时上课的课上资料和虚拟体验作为两翼，构建出"理虚实"相结合的教学的基本架构，如图 7-12 所示。

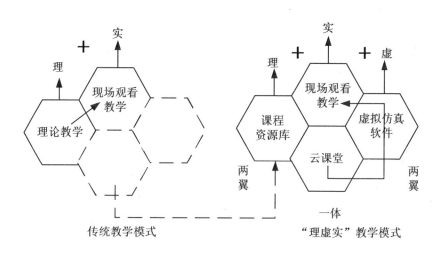

图 7-12 传统教学模式和"理虚实"教学模式对比

7.3 "理虚实"虚拟体验平台的应用开发

结合云课堂，"理虚实"教学模式的应用研究如图 7-13 所示。

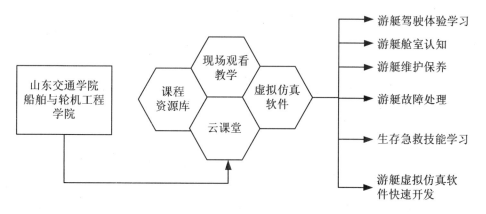

图 7-13 "理虚实"教学模式应用研究

7.3.1 基于"理虚实"体验平台的课堂实施方案

把基于"理虚实"一体化的教学方式应用到教学方面，测试其实施的可行性和有效性，针对山东交通学院船舶与海洋工程专业本科教学课程，安排相应的学习内容。以虚拟仿真实验室的云课堂为基础，结合虚拟体验仿真软件，实现线下课堂教学与线上教学相结合、线上云课堂教学与虚拟仿真学习相结合的"理虚实"一体化、双线教学模式，如图7-14所示。

图 7-14　山东交通学院云课堂网页

7.3.2 虚拟仿真教学应用与成果

"理虚实"虚拟仿真教学模式在实际教学过程中，应该分别从能力培养、兴趣提升、知识架构和操作使用四个方面进行评价，评价其所能发挥出的具体功能与作用，如图7-15所示。

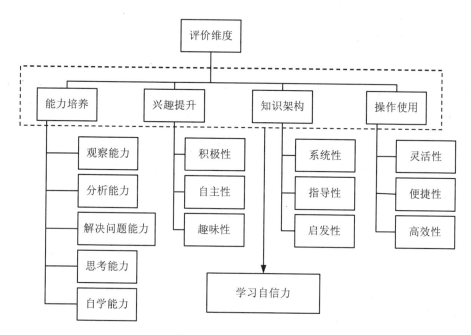

图 7-15 四维考核评价体系

从实际教学应用与课后反馈情况分析来看，"理虚实"教学借助互联网技术的模式，打破了传统教学模式在时间、空间上的局限性。学生可随时随地通过网络进入虚拟仿真实验室，通过云课堂下载资料和操作虚拟仿真软件，进行自主学习。与传统教学模式相比，其在"能力培养""兴趣提升""知识架构"和"操作使用"四个方面有以下优势。对两种教学模式四维评价见表 7-1。

表 7-1 两种教学模式的优劣对比

评价方面	传统教学	"理虚实"教学
能力培养	传统教学模式表面化，注重书面成绩，忽视掌握知识的程度	通过线上资料与讲义帮助同学做好预习，并通过虚拟仿真帮助学生对所学实物有所了解
兴趣提升	课本晦涩难懂，学生提不起兴趣学习，看不进书本内容	线上云课堂随时随地都能通过网上观看课件及视频，并且虚拟仿真软件有科技感与沉浸式体验，容易激发学生的学习兴趣与兴趣
知识架构	课堂教学、PPT 课件、游艇课本、现场观摩等学习方法	增加了视频教学、线上练习与考评，能准确看到每个学生是否下载与操作或观看，扩大了教学形式

评价方面	传统教学	"理虚实"教学
操作使用	游艇俱乐部及游艇厂都不会允许学生操作，一是因为游艇昂贵，二是容易发生危险。	虚拟仿真软件可以重复使用，游艇可以随意驾驶体验，即使发生撞船或操作报废等事故，都能重新开始，从头再来，满足操作的灵活性和重复使用性

7.4 基于虚拟平台的用户体验行为分析

7.4.1 虚拟平台与用户体验

本游艇虚拟体验平台的开发为游艇行业的销售、游艇驾驶学习以及游艇方面的教学提供了有效保障，为游艇设计的物理真实性和游艇驾驶运动的轨迹真实性提供了保证，为用户沉浸式体验提供了真实的沉浸感环境。用户体验是用户在使用一个产品或系统之前、使用期间和使用之后的全部感受，包括情感、喜好、认知印象、生理和心理反应和行为等各个方面。

根据用户体验深入程度分为三个层次[109,110]：

（1）及时性体验：这种体验源于下意识，用户通过把感知信息输入大脑，立即得到反馈确认体验的发生。

（2）深度体验：该体验需要经历过程，当事情发生后有一个反思，使用户意识到体验的发生并有所反馈，做出体验满意或者不满意的评价。

（3）共享用户体验：用户考虑到产品使用的情景和使用过程，做出的体验反馈对其他用户和设计人员具有参考意义，能帮助设计师与用户之间更好地沟通和交流，帮助设计过程顺利进行。

本次通过游艇虚拟体验平台，使用者以第一视角或第三视角在虚拟空间中进行浏览体验和游艇驾驶操作，针对游艇外观造型、游艇内装设计与布局、家具的材质及纹理、游艇内装效果、游艇各个舱室布局及环境、游艇驾驶台设计、游艇驾驶体验、游艇基本介绍等方面进行体验。用户体验包括了用户在使用虚拟体验平台之前、使用期间和体验完成之后的各种感受。通过在体验的过程中自动记录用户的体验行为与停留时间，客观而准确地获得用户在体验游艇虚拟平台时的个人信息，分析其体验时内心最真实的想法，判断其对该平台喜欢或是不喜欢。

本游艇虚拟体验平台是在游艇设计与用户初步沟通后的基础上所构建的虚拟体验系统，通过虚拟体验系统从中获取用户体验行为的数据，进行分析，根据数据分析结果完成对设计的修改与完善，并确定最终设计方案，使用户满意。

7.4.2 用户体验行为数据获取的实现

用户体验行为数据的获取主要通过相机技术，通过记录相机的位置、停留时间、相机观察物体以及画面的时间（即关注度）等，并记录用户体验行为信息数据，最终依据数据进行分析，判断用户的兴趣偏好、个性爱好等并以此为依据和用户进行沟通完善设计，以避免施工后期因设计改动而造成时间和资金的浪费。

进行用户行为获取的方法主要有两种：

第一种方法：可以把游艇划分为主甲板舱室、主卧室、游艇客厅、次卧室、卫生间、淋浴间、下驾驶台、上驾驶台、飞桥甲板、露天甲板以及介绍房间等模块，对划分好的每个区域、每个模块进行编号，然后在不同的区域创建正方体，把这个创建的正方体分别命名为 {"主甲板舱室","主卧室","游艇客厅","次卧室","卫生间", "淋浴间","下驾驶台","上驾驶台","飞桥甲板","露天甲板","介绍房间"}，利用 TRIGGER_ENTER | 触发器进入和 TRIGGER_EXIT | 触发器移出这两个响应计算"小人"位置，"小人"上的相机即相当于人眼，创建的正方体模块移入或者移出时，触发器触发一次，记录一次，即可获得"小人"现在所处在哪个模块区域内，通过判断虚拟角色的位置区域来进行分别计时，并返回当前索引值与停留时间，如图 7-16 所示。这种方式可以做到便捷的数据处理与统计分析，但是对于用户关注度的焦点却存在模糊性的判断，对此可以采用特殊处理的方式在相机的焦点区域创建焦点物体，物体随相机做跟随运动，同时运用触发器进入来进行判断与焦点物体触发的、观察焦点的对象，并记录观察焦点对象的名字。

图 7-16　通过 U3D 直接打印出进入的次数

第二种方法：具体获取相机的 3D 坐标(x,y,z)，因为虚拟空间本质构成可以看作由 3D 坐标(x,y,z)组建而成的，所以虚拟空间中每一个物体都具有自身相对于世界的 3D 坐标，当使用者进行虚拟漫游体验时，其操作的"小人"是以按真实人体高度比例创建的物体，并把相机代替作为人的眼睛，通过第一人称进行浏览体验。通过 GET_POSITION 或者获取位置来获取"小人"的(x,y,z)3D 坐标，其中在虚拟空间中，x 代表获取虚拟空间的 x 轴坐标，y 代表获取虚拟空间的 y 轴，z 代表了获取虚拟空间的 z 轴，这样就能记录用户在游艇虚拟体验平台进行漫游时的位置信息，然后通过 GET_ANGLE 或者获取角度来获取相机的整体角度(∠x,∠y,∠z)；通过获取位置和获取角度就能明显得到"小人"正在哪里、正在看什么，使用计时器功能计算在某个位置处的停留时间，这样就能准确地得到体验者在哪个区域停留了多久，视线在哪个方面上、哪个物体上停留了多久，如图 7-17 所示。通过这种方法可以获得体验者准确的体验感觉信息，并进行分析，但是数据庞大，处理难度较大。

图 7-17　相机的位置与角度

7.4.3　用户体验行为数据分析利用

通过上述的方式获取用户体验行为数据，其数据主要用于游艇的销售。营销的本质就是满足客户的需求，作为游艇厂家或游艇的销售人员，无论什么时候用户体验应该都是第一位的，通过对以上方法得到的数据进行分析，根据用户的体验时间与体验虚拟游艇功能，可以进行人群筛选，从"找谁买"到真正的"懂谁会买"，并以此进行人群的划分，找到对我们游艇感兴趣的及精准的"种子"用户，对用户的潜在兴趣点进行分析，然后进行归总，对停留时间少的地方进行分析，找出可能不满意的地方进行调整。用户体验的内容如图 7-18 所示。

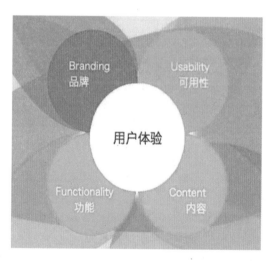

图 7-18　用户体验四个方面

将这些数据分析、融合，通过进一步分析、整理，为消费者提供更好的服务。如果通过虚拟游艇体验平台获取用户体验数据，将数据赋能，更精准地找出潜在用户，根据数据的分析结果进行游艇功能优化调整，满足用户日益增多的需求，那么在未来，这将是很好的游艇营销趋势。只有将游艇进行虚拟化，经过市场用户的检验与体验，再辅以相匹配的销售模式，才能促进游艇更好地销售从而获得更多的盈利。游艇虚拟体验平台的用户行为数据获取分析与应用的整体流程，如图 7-19 所示。

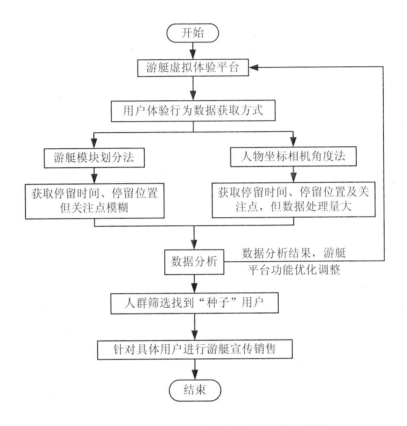

图 7-19　体验行为数据获取到应用的流程图

7.5　本章小结

本章详细地介绍了网页的设计与制作以及各个界面的特点和浏览方法。利用虚拟体验平台实施虚拟教学新模式，运用云课堂、虚拟仿真软件的信息化技术手段，实现了线上+线下"虚实结合"的"双线"教学。虚拟教学从能力培养、兴趣提升、知识架构和操作使用四个维度初步验证了"理虚实"教学系统的可行性和应用价值。结合游艇虚拟体验平台对用户数据获取作初步探索，把用户体验数据用于游艇的销售，从而为游艇厂家创造利润。

第8章　总结与展望

本书针对现有的虚拟仿真软件进行了分析，对建模语言的概念、特点、应用和平台开发的关键技术进行了深入的研究。对开发交互虚拟装配与虚拟体验平台提出了实现的方法步骤、具体的技术路线、总体设计方案，以球阀为例实现了交互虚拟装配系统，以游艇为例实现虚拟体验平台。主要完成了以下工作和研究成果：

1. 按复杂交叉装配关系建立系统构架。按"能装则装，能拆则拆"的原则，利用 VRML 软件实现装配的交互性，并实现自动判别零件装配顺序的正误。

2. 系统采用静态行为与动态行为相结合的设计方法，把传感器节点、内插器节点、转换节点和 Script 节点相结合，创建了生动、有趣的虚拟现实交互场景。实现了学生学习的实时性。

3. 通过 3DMAX 建模软件构建了游艇和微山湖码头的 3D 模型，并进行了贴图渲染和材质处理，游艇及码头具有真实美观的逼真度。通过 U3D 开发引擎进行平台的环境搭建与视景仿真，实现了人机虚拟体验交互。

4. 提出了用 Excel 表格进行完成虚拟仿真开发的设计思路，把 C#开发的底层脚本进行封装，设计成用 Excel 电子表格等可编辑文本作为脚本的开发接口，通过 Excel 表格驱动实现游艇漫游及驾驶的虚拟体验平台开发。

5. 针对平台开发过程中的关键技术进行了深入研究，通过二分法精准碰撞实现 U3D 精准碰撞；利用 RPC 技术实现了客户端与服务端的互联通信、云课堂与虚拟体验平台的数据传输；通过对游艇航行状态的分析，建立了游艇在水上航行时的六自由度运动方程模型。

6. 以游艇为例完成了虚拟体验平台的整体功能开发，包括虚拟场景的建立、平台登录界面与平台重置的创建、新手引导功能开发、游艇漫游体验功能开发、游艇虚拟驾驶功能开发及游艇相关功能介绍的构建，最终完成平台 PC 版和 VR

版的发布。

　　7. 提出了"理虚实"结合的新教学模式。把传统的课堂教学资源、现场观摩教学与虚拟体验平台整合起来，形成理论、现场、虚拟体验相结合的教学方式；并对用户体验行为数据获取方式作了初步探索，把用户体验数据用于产品的设计、销售等领域。

　　由于产品装配体的类型复杂多样、大型产品操控状态多变，限于人力和时间，本书只完成了以球阀为例的虚拟装配系统和以游艇为例的虚拟体验平台开发，还有以下几点需要继续改进：

　　1. 在交互的虚拟装配中，若零件装配顺序错误，则应开发出文字和语音提示。

　　2. 开发装配干涉检查，检查零件的位置以及两零件之间的配合是否正确，并作出提示。

　　3. 虚拟体验平台的人机交互主要通过键盘、鼠标、HTC 手柄来完成，为了使用户有更好的体验沉浸感，未来应拓展用户操作方式，比如通过手机屏幕来操作，还可以结合数据眼镜和数据手套实现无线操控。

　　4. 本书建立的六自由度运动模型，是忽略了环境外力及在各个力互不干扰的前提下构建的，该理想化的模型与实际水上航行有一定差距，为了更加真实地模拟游艇的航行和驾驶操作，后续需进一步完善运动模型。

　　5. 继续完善和加深虚拟体验功能，比如增加产品建造过程的模拟、产品检修模拟以及游艇水上风浪航行的虚拟等功能，增加用户体验感。

　　由于自身水平和时间的限制，本书可能存在着许多不尽如人意的地方，请批评指正。

参考文献

[1] 郑健. 制造企业青睐虚拟产品开发[N]. 计算机世界, 2009-06-15 (031).

[2] Benitez P, Miñano J C, Zamora P, et al. Advanced freeform optics enabling ultra-compact VR headsets[C]// Spie Digital Optical Technologies. 2017.

[3] Jeff B. VR Headsets Hit the Mark on Satisfaction[J]. Multichannel news, 2017, 38(9): 18-18.

[4] 李亚骅, 尹念东, 陈志. 基于手势识别的虚拟实验交互系统的设计与实现[J]. 湖北工业大学学报, 2018, 33 (01): 38-41.

[5] Muk L S, Woo S J, Seong G O, et al. 3D interaction glove: Virtual and physical space realization through data glove[J]. International Journal of Applied Engineering Research, 2015, 10(17): 38354-38357.

[6] 李琳, 王泊谦, 曾睿, 等. 面向虚拟环境的 VR 设备比较研究[J]. 合肥工业大学学报 (自然科学版), 2018, 41 (02): 169-175.

[7] Kim H K, Park J, Choi Y, et al. Virtual reality sickness questionnaire (VRSQ): Motion sickness measurement index in a virtual reality environment[J]. Applied ergonomics, 2018, 69: 66-73.

[8] 陈青, 蒋雪松, 许林云, 等. 虚拟仿真技术在林业机械课程教学改革中的应用[J]. 当代教育实践与教学研究, 2018 (03): 129-130.

[9] 张迪, 杨涛, 何光亮, 等. 航空伺服高度表半实物仿真实训平台的开发[J]. 实验技术与管理, 2018, 35 (04): 126-131.

[10] 黄少华. 虚拟仿真技术在矿山机械设计制造中的应用和前景[J]. 世界有色金属, 2018 (03): 43, 45.

[11] 程强强. 虚拟手术仿真系统中软组织切割模型研究[D]. 南昌：南昌大学，2018.

[12] 张爱玲，曹林. 培育发展虚拟现实产业，打造追赶超越新动能[J]. 新西部，2017（17）：48-51.

[13] 赵沁平. 虚拟现实技术迈入"＋"时代[N]. 中国信息化周报，2017-03-20（007）.

[14] 王小兰. 船舶运动控制及其虚拟现实仿真的研究[D]. 大连：大连海事大学，2012.

[15] 赵沁平. 虚拟现实综述[J]. 中国科学（F 辑:信息科学），2009，39（01）：2-46.

[16] 陈浩磊，邹湘军，陈燕，等. 虚拟现实技术的最新发展与展望[J]. 中国科技论文在线，2011，6（01）：1-5+14.

[17] Lambert C S. Social Media in Disaster Response[J]. Technical communication quarterly, 2015, 24(1): 117-119.

[18] 豆海菲. 用户体验在展示设计中的应用研究[D]. 成都：西南交通大学，2013.

[19] 朱红林. 虚拟三坐标测量机仿真系统研究与开发[D]. 杭州：浙江大学，2016.

[20] 钟惠萍. 游艇业—福建海洋经济的朝阳产业[J]. 中国水运，2006（12）：192-194.

[21] 赵红雁. 工程制图教学用 CAI 课件的开发与设计. 信息技术，2002（1）：57-58.

[22] 刘肖琳，于起峰，张小苗. 略谈 CAI 课件的定位、作用与教学模式. 高等工程教育研究，2002（2）：58-59.

[23] 张文辉，杨辉华，杨兵.《工程制图》多媒体 CAI 课件的实验[J]. 桂林电子工业学院学报，2002，22（4）：58-60.

[24] 刘风华. CAI 与课堂教学[J]. 沧州师范专科学校学报. 2002，18（3）：65.

[25] 夏红，丁一，张庆伟. CAI 课件辅助工程制图课堂教学[J]. 重庆大学学报（社会科学版）. 2002，8（4）：137-140.

[26] 王菊槐，张孝徽．工程制图 CAI 课件开放性的探讨[J]．株洲工学院学报，2002，16（4）：135-136．

[27] Phillip R. Producing Interactive Multimedia Computer-Based Learning Projects[J]. Computer Graphics, 1994(2): 20-24.

[28] 罗仕鉴，朱上上．用户和设计师的产品造型感知意象[J]．机械工程学报，2005（10）：28-34．

[29] 杜一宁．虚拟实验的研究现状以及在教学中的意义[J]．浙江海洋学院学报（自然科学版），2010，29（4）：390-393．

[30] 王健美，张旭，王勇，等．美国虚拟现实技术发展现状、政策及对我国的启示[J]．科技管理研究，2010，30（14）：37-40，56．

[31] Heim M R. The Metaphysics of Virtual Reality[M]. Oxford County: OUP, 1993.

[32] 陈晓．虚拟现实技术在日本[J]．机器人技术与应用，1994（05）：5-23．

[33] 赵建立．日本在虚拟现实领域的研究动态[J]．中外船舶科技，1995（1）：44-46．

[34] Derbyshire D. Revealed: the headset that will mimic all five sensesand make the virtual world as convincing as real life[N]. Dailymail, 2009-03-05.

[35] 朱阳．基于虚拟仿真技术的中职物联网技能教学设计与实证研究——以 NBJM 学校为例[D]．杭州：浙江工业大学，2020，11．

[36] 李志玲．虚拟现实三维建模技术的研究与实现[D]，2007．

[37] 艾远高．基于虚拟现实的水电机组状态监测分析方法研究[D]．武汉：华中科技大学，2012．

[38] 罗元．城市道路交通流智能化模拟虚拟现实系统研究[D]．北京：清华大学，2012．

[39] 郭天太．基于 VR 的虚拟测试技术及其应用基础研究[D]．杭州：浙江大学，2005．

[40] 王源．外骨骼上肢机器人运动康复虚拟现实训练与评价研究[D]．上海：上海交通大学，2013．

[41] 吴波. 虚拟现实技术在家电产品设计中的应用研究[D]. 济南：山东大学，2012.

[42] 梁智杰，李众立. VR-Platform 校园漫游系统研究与实现[J]. 计算机系统应用，2010，19（09）：124-127.

[43] 熊全洪，林琛. 对虚拟现实发展及现状的探析[J]. 民风，2008（15）.

[44] 崔瀚，焦志刚，杨秀英. 基于 Unity3D 的火炮外弹道虚拟视景仿真系统[J]. 兵工自动化，2017，36（10）：1-5，16.

[45] 许玉龙，张佩江，王忠义，等. 基于 MFC 和 OpenGL 的虚拟人体经络穴位模型实现方法[J]. 计算机与现代化，2018（03）：6-12.

[46] 王晶杰，胡平平. 一种利用 OpenGL 实现复杂 3DS 模型动画实时显示方法[J]. 北京信息科技大学学报（自然科学版），2017，32（06）：63-69.

[47] 刘欢乾. 基于虚拟现实的冲床仿真系统研究与开发[D]. 杭州：浙江大学，2017.

[48] Wang Q Z. Virtual Package Design and Realization Based on 3D Visualization Technology[J]. Applied Mechanics and Materials, 2015: 713-715, 2395-2397.

[49] 杨国才，王建峰，王玉昆. 基于 Web 的远程自学型教学系统的设计与实现[J]. 计算机应用，2000，4：61-63.

[50] 顾纪新，丁煜. 教学新概念——网上远程教学[J]. 中国远程教育，2000（1）：44-46.

[51] 董喜明，赵楠，周丹. 一种基于 CSCW 的多媒体 CAI 开发模型及实现[J]. 计算机工程与科学，1999（6）：72-75.

[52] 曹文君，朱东来. 多媒体 CAI 课件开发中若干问题的研究与实践[J]. 计算机工程，2000（4）：54-56.

[53] 张晨曦，王志英，张春元，等. 多媒体图形解析教学法及远程教育和 CAI 课件的开发[J]. 计算机工程与科学，1999（6）：67-71.

[54] 雷春娟，彭华，冯玉珉. 远程教学的工程实现[J]. 现代计算机，1999（4）：57-59.

[55] 傅秀芬，汤庸，刘广聪，等. 基于 WWW 的交互式网络课件系统的开发技术[J]. 计算机工程与应用，1998（8）：21-22，33.

[56] 严剑. 基于 ActiveX 的网上远程教学系统的实现[J]. 计算机与现代化，2000（2）：51-54.

[57] 张浩，冯以之，乔非，等. 基于 Web 的应用软件开发技术[J]. 微型电脑应用，1999（8）：1-3.

[58] 翁晓霞，江源，廖光裕，开发基于 WEB 的远程教学系统的关键技术比较[J]. 计算机工程与应用，2000（2）：83-86.

[59] 谢鹤宜，梁妙园，冯刚，等. 在 Internet 上进行远程教育的可行性分析及相关技术的研究[J]. 微型电脑应用，1999（4）：42-44.

[60] Wcxcblat A. VR application and explorations[J]. Academic Press Professional, 1995.

[61] 汪成为，高文，王行仁. 灵境（虚拟现实）技术的理论、实现及应用[M]. 北京：清华大学出版社、广西科学技术出版社，1996.

[62] John V. Virtual reality system[M]. Great Britain: Addison-Wesley Publish Company, 1995.

[63] 宁晓明，文西芹. 虚拟现实技术与虚拟产品开发[J]. 淮海工学院学报，2000，9（4）：8-11.

[64] 胡晓峰，李国辉. 多媒体系统[M]. 北京：人民邮电出版社. 1997.

[65] Bullinger H J, Richter M, Seidel K A. Virtual assembly planning[J]. Human Factors and Ergonomics In Manufacturing, 2000, 10 (3): 331-341.

[66] Jayaram S, et al. Virtual assembly using virtual reality techniques[J]. Computer-Aided Design, 1997, 29(8): 575-584.

[67] Cao Y, Jung B, Wachsmuth I. Situated verbal interaction in virtual design and assembly[J]. Proceedings of 14 International Joint Conference on Artificial Intelligence, 1995: 2061-2062.

[68] Ye N, Banerjee P, Banerjee A,et al. A comparative study of assembly planning in traditional and virtual environments[J].IEEE Transactions on Systems, Man, and Cybernetics-Part C: Applications and Reviews, 1999, 29(4): 546-555.

[69] Banerjee A, Banerjee P. A behavioral scene graph for rule enforcement in interactive virtual assembly sequence planning[J]. Computers in Industry, 2000, 42(2-3): 147-157.

[70] Srinivasan H, Figueroa R, Gadh R. Selective disassembly for virtual prototyping as applied to de-manufacturing[J]. Robotics and Computer-Integrated Manufacturing, 1999, 15(3): 231-245.

[71] Gao F, Chen L P, Zhou W, et al. Research on intelligence assembly modeling on virtual reality[J]. Proceedings of the Sixth International Conference on CAD/CG, Shanghai: Wen Hui Publishers, 1999: 1177-1182.

[72] 管强，刘继红，钟毅芳，等．虚拟环境下面向装配的设计系统的研究[J]．计算机辅助设计与图形学学报，2001，13（6）：514-520.

[73] 周炜，刘继红．虚拟环境下人工拆卸的实现[J]．华中理工大学学报，2000，28（2）：45-47.

[74] 杨锟，刘继红．面向虚拟装配的装配建模技术[J]．机械科学与技术，2001，20（2）：305-308.

[75] 庄晓，周雄辉，许文斌，等．虚拟环境中的快速产品装配建模[J]．中国机械工程，1999，10（2）.

[76] 刘宏增，黄靖远．虚拟设计[M]．北京：机械工业出版社，1999.

[77] Schmitz B. Virtual reality: On the brink of greatness[J]. Computer Aided Engineering, 1993, 12(4): 25-32

[78] Beckert, Beverly A. Venturing into virtual product development[J]. Computer-Aided Engineering, 1996, 15(5): 45-50.

[79] Rowell A. Virtual vehicles set the pace, Computer Graphics World. 1998, 21(3): 61-68.

[80] Gomes de Sá A, Zachmann G. Virtual reality as a tool for verification of assembly and maintenance processes[J]. Computers and Graphics, 1999, 23(3): 389-403.

[81] 王艳慧. 基于ＶＲＭＬ三维动态虚拟现实场景的实现[J]. 四川测绘，2002，25（1）：8-11.

[82] 陈俊华. VRML——第二代 WWW 技术[J]. 核心情报科学，2001，19（6）：647-649.

[83] 唐宜欣，谭伟，李思昆，等. 虚拟现实建模语言 VR ML 的描述方法及分析[J]. 湖南教育学院学报. 2001，19（3）：137-140.

[84] 谢伟军，蒋长泉. 循序渐进学 VRML[M]. 北京：中国水利水电出版社. 2002.

[85] VRML 历史. [2003.3.25]. http://www.86vr.com.

[86] Lea R, Matsuda K, Miyashita K. JAVA for 3D and VRML Worlds[M]. New RidersPublishing, 1996.

[87] 张力. 应用虚拟现实技术提高网络教学质量的研究[J]. 电化教育研究，2003（6）：56-60.

[88] 王辉，崔林. 虚拟现实及其在远程教育中的应用[J]. 河南机电高等专科学校学报. 2002，10（4）：90-91.

[89] 邓怀芳. 基于 OpenGL 的数控车床仿真系统的研究[D]. 成都：电子科技大学，2009.

[90] 赵春梅. 轴类零件数控车削仿真系统的研究与开发[D]. 长春：吉林大学，2011.

[91] 李益. 基于 Unity3d 的磨矿车间虚拟仿真系统[D]. 大连：大连理工大学，2014.

[92] 杨润党. 虚拟数控车削加工过程建模与仿真系统的研发[D]. 镇江：江苏大学，2003.

[93] Naveh，Nathan. Let the part drive the robot. (Compucraft Ltd.'s RobotWorks) (Brief Article) (Product Announcement)[J]. Global Design News, 2000 (September).

[94] 王博. 基于 3D 设计 3D 建筑导览系统[J]. 考试周刊, 2016 (77): 103-104.

[95] 江笑龙. 数控加工中心仿真系统研究与开发[D]. 杭州: 浙江大学, 2014.

[96] 陈波. 基于 UG 与 VERICUT 的虚拟机床技术研究[D]. 大连: 大连理工大学, 2006.

[97] 刘晓彬. 虚拟数控机床及开放式数控系统的研究[D]. 成都: 四川大学, 2001.

[98] 叶琳. 虚拟现实机械零件模型库的实现技术[J]. 计算机与现代化, 2002, (2): 54-56.

[99] Shah R. Master the Art of Unreal Engine 4 - Blueprints - Double Pack 1: Extra Credits - Hud, Blueprint Basics, Variables, Paper2d, Unreal Motion[M], 2014.

[100] 施生达. 潜艇操纵性[M]. 北京: 国防工业出版社, 1995.

[101] 李积德. 船舶耐波性[M]. 哈尔滨: 哈尔滨工程大学出版社, 2007.

[102] 吴秀恒, 刘祖源, 施生达. 船舶操纵性[M]. 北京: 国防工业出版社, 2005.

[103] 张亮, 李云波. 流体力学[M]. 哈尔滨: 哈尔滨工程大学出版社, 2006.

[104] 李天森. 鱼雷操纵性[M]. 北京: 国防工业出版社, 2007.

[105] 陈厚泰. 潜艇操纵性[M]. 北京: 国防工业出版社, 1981.

[106] 杨俊超, 傅秀芬. 基于 Internet 的虚拟现实交互技术[J]. 微型电脑应用, 2002, 18 (9): 10-13.

[107] 葛晓程, 冯艳, 张莉, 胡春燕. 妙用 JAVA 及 VRML 开发三维图形[M]. 北京: 电子工业出版社, 1999.

[108] 孙焕志. 浅谈网络课件的开发与制作[J]. 黑河科技, 2003 (2): 85-86.

[109] Hinman R. 移动互联: 用户体验设计指南[M]. 北京: 清华大学出版社, 2013.

[110] Bowles C, Hnman R. 潜移默化—用户体验设计行动指南[M]. 北京: 机械工业出版社, 2011.